工业机器人技术基础

主　编　石　龙　杜丽萍
副主编　孙福才　关　彤
参　编　刘晓春　戴艳涛　邱志新

北京理工大学出版社
BEIJING INSTITUTE OF TECHNOLOGY PRESS

内 容 提 要

本书依据高职院校工业机器人技术专业人才培养目标和定位要求编写，主要内容包括认识工业机器人的发展、工业机器人的机械系统、工业机器人的驱动系统、工业机器人的控制系统、工业机器人的传感系统、工业机器人编程、典型工业机器人及其应用7个项目，下设工业机器人概述、工业机器人的分类、工业机器人的技术参数、工业机器人电动驱动系统等27个理论学习小节和工业机器人类型辨识、工业机器人机械结构辨识、工业机器人常见驱动装置辨识、典型工业机器人控制系统分析、工业机器人常见传感器辨识、工业机器人的编程练习6个实践学习、评价性工作任务。

本书可作为高等院校和高职院校工业机器人技术、机电一体化技术等自动化类专业和机械制造及自动化等相关专业的教材，也可供工业机器人领域的教师、研究人员和工程技术人员阅读参考。

图书在版编目（CIP）数据

工业机器人技术基础 / 石龙，杜丽萍主编. -- 北京：
北京理工大学出版社，2025.3.
ISBN 978-7-5763-5187-3

Ⅰ.TP242.2

中国国家版本馆CIP数据核字第2025BN6943号

责任编辑：赵　岩　　　　　　**文案编辑**：孙富国
责任校对：周瑞红　　　　　　**责任印制**：李志强

出版发行 / 北京理工大学出版社有限责任公司

社　　址 / 北京市丰台区四合庄路6号

邮　　编 / 100070

电　　话 / (010) 68914026（教材售后服务热线）
　　　　　　　(010) 63726648（课件资源服务热线）

网　　址 / http://www.bitpress.com.cn

版印次 / 2025年3月第1版第1次印刷

印　　刷 / 河北鑫彩博图印刷有限公司

开　　本 / 787 mm×1092 mm　1/16

印　　张 / 11.5

字　　数 / 243千字

定　　价 / 74.00元

编写说明

　　中国特色高水平高职学校和专业建设计划（简称"双高计划"）是我国教育部、财政部为建设一批引领改革，支撑发展，具有中国特色、世界水平的高等职业学校和骨干专业（群）的重大决策建设工程。哈尔滨职业技术大学（原哈尔滨职业技术学院）作为"双高计划"建设单位，对中国特色高水平高职学校建设项目进行顶层设计，编制了站位高端、理念领先的建设方案和任务书，并扎实地开展人才培养高地、特色专业群、高水平师资队伍与校企合作等项目建设，借鉴国际先进的教育教学理念，开发具有中国特色、遵循国际标准的专业标准与规范，深入推动"三教"改革，组建模块化教学创新团队，落实课程思政建设要求，开展"课堂革命"，出版校企双元开发的活页式、工作手册式等新形态教材。为了适应智能时代先进教学手段应用，哈尔滨职业技术大学加大优质在线资源的建设，丰富教材载体的内容与形式，为开发以工作过程为导向的优质特色教材奠定基础。按照教育部印发的《职业院校教材管理办法》的要求，本系列教材体现了如下编写理念：依据学校双高建设方案中的教材建设规划、国家相关专业教学标准、专业相关职业标准及职业技能等级标准，服务学生成长成才和就业创业，以立德树人为根本任务，融入课程思政，对接相关产业发展需求，将企业应用的新技术、新工艺和新规范融入教材。本系列教材的编写遵循技术技能人才成长规律和学生认知特点，适应相关专业人才培养模式创新和优化课程体系的需要，注重以真实生产项目、典型工作任务、典型生产流程及典型工作案例等为载体开发教材内容体系，理论与实践有机融合，满足"做中学、做中教"的需要。

　　本系列教材是哈尔滨职业技术大学中国特色高水平高职学校项目建设的重要成果之一，也是哈尔滨职业技术大学教材改革和教法改革成效的集中体现。本系列教材体例新颖，具有以下特色。

　　第一，创新教材编写机制。按照哈尔滨职业技术大学教材建设统一要求，遴选教学经验丰富、课程改革成效突出的专业教师担任主编，邀请相关企业作为联合建设单位，形成一支学校、行业、企业和教育领域高水平专业人才参与的开发团队，共同参与教材编写。

　　第二，创新教材总体结构设计。精准对接国家专业教学标准、职业标准、职业技能等级标准，确定教材内容体系，参照行业企业标准，有机融入新技术、新工艺、新规范，构建基于职业岗位工作需要的、体现真实工作任务与流程的教材内容体系。

第三，创新教材编写方式。与课程改革配套，按照"工作过程系统化""项目+任务式""任务驱动式""CDIO式"四类课程改革需要设计四种教材编写模式，创新活页式、工作手册式等新形态教材编写方式。

第四，创新教材内容载体与形式。依据专业教学标准和人才培养方案要求，在深入企业调研岗位工作任务和职业能力分析的基础上，按照"做中学、做中教"的编写思路，以企业典型工作任务为载体进行教学内容设计，将企业真实工作任务、真实业务流程、真实生产过程纳入教材，并开发了与教学内容配套的教学资源，以满足教师线上线下混合式教学的需要。本系列教材配套资源同时在相关平台上线，可随时下载相应资源，也可满足学生在线自主学习的需要。

第五，创新教材评价体系。从培养学生良好的职业道德、综合职业能力、创新创业能力出发，设计并构建评价体系，注重过程考核和学生、教师、企业、行业、社会参与的多元评价，充分体现"岗课赛证"融通，每本教材根据专业特点设计了综合评价标准。为了确保教材质量，哈尔滨职业技术大学组建了中国特色高水平高职学校项目建设成果系列教材编审委员会。该委员会由职业教育专家组成，同时聘请企业技术专家进行指导。哈尔滨职业技术大学组织了专业与课程专题研究组，对教材编写持续进行培训、指导、回访等跟踪服务，建立常态化质量监控机制，能够为修订完善教材提供稳定支持，确保教材的质量。

本系列教材是在国家骨干高职院校教材开发的基础上，经过几轮修改，融入课程思政内容和课堂革命理念，既具教学积累之深厚，又具教学改革之创新，凝聚了校企合作编写团队的集体智慧。本系列教材充分展示了课程改革成果，力争为更好地推进中国特色高水平高职学校和专业建设及课程改革做出积极贡献！

哈尔滨职业技术大学

中国特色高水平高职学校项目建设成果系列教材编审委员会

2025年1月

前　言

本书是高职院校工业机器人技术专业的专业基础课程的配套教材。本书依据高职院校人才的培养目标，按照高职院校教学改革和课程改革的要求，与企业合作，共同进行课程的开发和设计，以工业机器人技术的基础性、实用性和共用性作为主线，突出工业机器人技术的基本共性理论。编写本书的目的是提高学生对工业机器人技术的基本理论、机械传动、驱动系统、控制系统、传感系统的认知，初步掌握工业机器人的现场操作技能。

（1）本书采用"项目—任务"的结构形式，打破了理论教材纯项目的结构形式，采取传统教学和任务教学两种教学结构有机结合的方式编写，开发了有利于学生自主学习的任务目标、任务描述、任务准备、任务计划（决策）、任务实施、任务检查（评价）、任务拓展等能力训练的工作单，通过完成真实的工作任务掌握基础知识，实现学习过程与工作过程一致。

（2）本书配套教学资源丰富，支撑线上精品在线平台开放。本书配套教学资源主要包括微课视频、课件、测试题、作业库、试卷库、图片，同时选择精品资源在书中相应部位设计链接二维码，保证学生实时自学自测的需要。本书支撑的工业机器人技术基础课程在学堂在线上线。

（3）本书全面融入行业技术标准、素质教育与能力培养。将工业机器人技术标准融入书中，突出了职业道德和职业能力培养。学生通过自主学习，在完成学习性工作任务的过程中训练对于知识、技能、劳动教育和职业素养方面的综合职业能力，锻炼分析问题、解决问题的能力。全书注重多种教学方法和学习方法的组合使用，将素质教育与能力培养融入教材。

本书共分为 7 个项目，共有 27 个理论学习和 6 个实践任务，参考教学时数为 64～84 学时。

本书由哈尔滨职业技术大学石龙、杜丽萍担任主编，并负责确定教材编制的体例及统稿工作。其中，石龙负责编写项目 1～项目 3 全部内容；杜丽萍负责编写项目 4 全部内容；哈尔滨博实自动化股份有限公司刘晓春负责辅助主编完成教材任务工单的实践性、操作性审核；哈尔滨职业技术大学孙福才、戴艳涛负责编写项目 5 全部内容；哈尔滨职业技术大学邱志新和石龙共同编写项目 6 全部内容；哈尔滨职业技术大学关彤负责编写项目 7 全部内容。

本书在编写过程中参阅了同行专家学者、机器人研制及应用单位的相关资料和文献，在此向文献作者致以诚挚的谢意。特别感谢教材编审委员会领导给予本书编写的指导和大力帮助。

由于编者的水平和经验有限，书中难免有不妥之处，恳请指正。

编　者

目　录

项目1 认识工业机器人的发展

【项目介绍】

本项目主要介绍了工业机器人的由来、种类及其技术参数，包括工业机器人的定义、发展史；按照控制方式、坐标系、驱动方式对工业机器人进行分类；了解自由度、工作范围、最大工作速度、定位精度、承载能力等参数。

【学习目标】

知识目标

1. 掌握工业机器人的定义；
2. 掌握各个时期具有代表性的工业机器人的名称及其特点；
3. 了解工业机器人三种驱动方式的优缺点。

能力目标

1. 能够对不同类型的工业机器人进行分类，并说明其应用领域；
2. 能够分析工业机器人技术参数的具体含义，并进行选型。

素质目标

1. 遵守实训室规章制度；
2. 按时完成工作任务；
3. 积极主动地承担工作任务；
4. 注意人身安全和设备安全；
5. 遵守"6S"规则；
6. 发挥团队协作精神，专心、精益求精。

【知识链接】

1.1 工业机器人概述

长期以来人类一直孕育着一个美好的愿望，就是创造出一种仿人的机器，以便把人的劳动转嫁给机器人。从古代神话传说到现代科学幻想，都有对机器人的精彩描绘。人类在改造自然的漫长岁月中，也制作了一些类似机器人的机械装置。通过本节内容的学习，可以掌握机器人的定义，了解工业机器人的发展史。

1.1.1　机器人的由来

我国早在西周时期，能工巧匠偃师就研制出了能歌善舞的伶人，这是我国记载最早的关于机器人的历史。据《墨经》记载，春秋后期，工匠鲁班曾制造过一只木鸟，能在空中飞行"三日而不下"。东汉时期的著名科学家张衡发明的地动仪、计里鼓车及指南车，都是具有机器人构想的装置。三国时期，诸葛亮发明了木牛流马。《三国志·蜀书·诸葛亮传》中记载："九年，亮复出祁山，以木牛运……十二年春，亮悉大众由斜谷出，以流马运。"这些可谓是世界上最早的机器人雏形，如图1-1所示。

工业机器人的由来

图1-1　中国古代发明

(a) 伶人；(b) 木鸟；(c) 计里鼓车；(d) 地动仪；(e) 木牛流马

有关机器人的发明，除中国外，许多国家的历史中也曾出现过。早在2 000年前，希腊的一位名叫海隆的人就幻想出各种机器，其中包括自动门、圣水自动销售机、自动风琴等，这些幻想中的机器和现在使用的这类机器的结构非常相似。11世纪，中东著名的发明家阿勒·加扎利创造了古代最复杂的、最令人称奇的计时器——时钟城堡，如图1-2所示。欧洲文艺复兴时期的天才达·芬奇在手稿中绘制了西方文明世界的第一款人形机器人。此外，在法兰西国王的庆典上，达·芬奇向国王献上了一只能自动行走的人造狮子，如图1-3所示。

1920年捷克作家卡雷尔·卡佩克发表了科幻剧本《罗萨姆的万能机器人》。剧情中：罗萨姆公司把机器人作为人类生产的工业产品推向市场，让它们去充当劳动力，以呆板的方式从事繁重的劳动。后来，机器人有了感情，在工厂工作和家务劳动中成了必不可少的一员。卡佩克把捷克语中表示机器人的"Robota"写成了"Robot"。

图 1-2　时钟城堡　　　　　　　　　图 1-3　人造狮子

到了 1950 年，美国科幻小说家加斯卡·阿西莫夫在他的小说《我的机器人》中，提出了著名的"机器人三原则"。

（1）机器人不能危害人类，不能眼看人类受害而袖手旁观。

（2）机器人必须服从人类，除非这种服从有害于人类。

（3）机器人应该能够保护自身不受伤害，除非为了保护人类或者人类命令它作出牺牲。

这三条原则给机器人赋以伦理观。至今，机器人研究者都以这三条原则作为开发机器人的准则。

1.1.2　机器人的定义

目前，虽然机器人已得到广泛应用，但世界上对机器人还没有统一的定义。不同国家、不同研究领域给出的定义不尽相同。原因之一是机器人技术还在不断发展，许多新的机型、新的功能在不断涌现。根本原因是机器人涉及"人"的概念，成为一个难以回答的哲学问题。就像机器人一词最早诞生于科幻小说一样，人们对机器人充满了幻想。也许正是由于机器人的模糊定义，才给了人们充分想象和创造的空间。

在国际上，机器人的定义主要包括以下几种。

（1）美国机器人工业协会（RIA）的定义：机器人是"一种用于移动各种材料、零件、工具或专用装置的，通过可编程的动作来执行各种任务的具有编程能力的多功能机械手"。这个定义叙述具体，更适合作为工业机器人的定义。

（2）美国国家标准局（NBS）的定义：机器人是"一种能够进行编程并在自动控制下执行某些操作和移动作业任务的机械装置"。这是一种比较广义的工业机器人的定义。

（3）日本工业机器人协会（JIRA）将机器人的定义分成两类：工业机器人是"一种能够执行与人体上肢（手和臂）类似动作的多功能机器"；智能机器人是"一种具有感觉和识别能力，并能控制自身行为的机器"。

（4）英国简明牛津词典的定义：机器人是"貌似人的自动机，具有智力，顺从于人但不具有人格的机器"。这是一种对理想机器人的描述。

（5）我国科学家对机器人的定义：机器人是"一种自动化的机器，所不同的是这种机器具备一些与人或生物相似的智能能力，如感知能力、规划能力、动作能力和协同能力，是一种具有高级灵活性的自动化机器"。

国际标准化组织（ISO）的定义比较全面和准确，涵盖以下内容：

（1）机器人的动作机构具有类似人或其他生物体某些器官（肢体、感官等）的功能；

（2）机器人具有通用性，工作种类多样，动作程序灵活易变；

（3）机器人具有不同程度的智能性，如记忆、感知、推理、决策、学习；

（4）机器人具有独立性，完整的机器人系统在工作中可以不依赖人。

1.1.3　工业机器人的定义

美国机器人工业协会提出的工业机器人定义："工业机器人是用来搬运材料、零件、工具等的，可再编程的多功能机械手或通过不同程序的调用来完成各种工作任务的特种装置"。

机器人与工业
机器人的概念

英国机器人协会也采用了相似的定义。

国际标准化组织曾于 1987 年对工业机器人给出了定义："工业机器人是一种具有自动控制操作和移动功能的，能够完成各种作业的可编程操作机。"

ISO 8373 对工业机器人给出了更具体的解释："机器人具备自动控制及可再编程、多用途等功能。机器人操作机具有三个或三个以上的可编程轴。在工业自动化应用中，机器人的机座可固定也可移动。"

工业机器人最显著的特点包括以下几个。

1.　可编程

生产自动化的进一步发展是柔性自动化，在工业机器人上可随其工作环境变化的需要而再编程。因此，它在小批量、多品种、均衡、高效的柔性制造过程中能发挥很好的作用，是柔性制造系统中的一个重要组成部分。

2.　拟人化

工业机器人在机械结构上有类似人的大臂、小臂、手腕、手爪等部分。此外，智能化工业机器人还有许多类似人类器官的"生物传感器"，如皮肤型接触传感器、力觉传感器、负载传感器、视觉传感器、声觉传感器等。传感器提高了工业机器人对周围环境的自适应能力。

3. 通用性

除了专门设计的专用工业机器人以外，一般工业机器人在执行不同的作业任务时具有较好的通用性。例如，更换工业机器人手部末端执行器（手爪、工具等）便可执行不同的作业任务。

总之，随着机器人的制造工艺和机器人智能的不断发展，机器人的定义与工业机器人的定义将会进一步地修改、明确和统一。

1.1.4　工业机器人的发展史

1959 年，乔治·德沃尔和约瑟·英格伯格发明了世界上第一台工业机器人，命名为 Unimate（尤尼梅特），意思是"万能自动"，如图 1-4 所示。英格伯格负责设计机器人的"手""脚""身体"，即机器人的机械部分和完成操作部分；德沃尔负责设计机器人的"头脑""神经系统""肌肉系统"，即机器人的控制装置和驱动装置。Unimate 重达 2 t，通过磁鼓上的一个程序来控制。它采用液压执行机构驱动，机座上有一个大机械臂，大臂可绕轴在机座上转动，大臂上又伸出一个小机械臂，它相对大臂可以伸出或缩回。小臂顶有一个腕子，可绕小臂转动，进行俯仰和侧摇。腕子前面是手，即操作器。这个机器人的功能与人手臂的功能相似。Unimate 的精确率达 1/10 000 英寸（in，1 in=2.54 cm）。

1962 年，美国机械与铸造公司（American Machine and Foundry，AMF）制造出世界上第一台圆柱坐标型工业机器人，命名为 Verstran（沃尔萨特兰），意思是"万能搬动"，如图 1-5 所示。1962 年，AMF 制造的 6 台 Verstran 机器人应用于美国坎顿（Canton）的福特汽车生产厂。

图 1-4　世界上第一台工业机器人

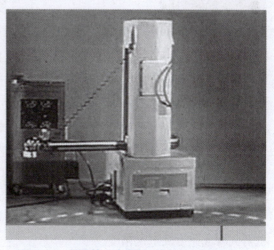

图 1-5　世界第一台圆柱坐标型工业机器人

1969 年，具有突破性的"斯坦福手臂"作为一个研究项目的雏形由维克多·沙周曼（Victor Scheinman）设计出来。"斯坦福手臂"有 6 个自由度，全部电气化的操作臂由一台标准计算机控制（一种叫作 PDP-6 的数字装置）。此项成果奠定了工业机器人的研究基础，之后的机器人设计深受 Scheinman 理念的影响。

1973 年，世界上第一台机电驱动的 6 轴机器人面世，如图 1-6 所示。德国库卡公司（KUKA）将其使用的 Unimate 机器人研发改造成其第一台产业机器人，命名为 Famulus，这是世界上第一台机电驱动的 6 轴机器人。

1978 年，日本山梨大学（University of Yamanashi）的牧野洋（Hiroshi Makino）发明了选择顺应性装配机器手臂（Selective Compliance Assembly Robot Arm，SCARA），如图 1-7 所示。SCARA 具有 4 个轴和 4 个运动自由度（包括 X、Y、Z 方向的平动自由度和绕 Z 轴的转动自由度）。SCARA 系统在 X、Y 方向上具有顺从性，而在 Z 轴方向具有良好的刚度，此特性特别适用于装配工作。SCARA 的另一个特点是其串接的两杆结构，类似人的手臂，可以伸进有限空间中作业然后收回，适用于搬动和取放物件，如集成电路板等。

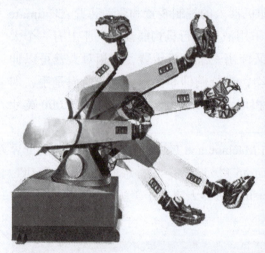

图 1-6 世界第一台机电驱动的 6 轴机器人　　　　　图 1-7 世界第一台 SCARA

1979 年，日本不二越株式会社（Nachi）研制出第一台电动机驱动的工业机器人，如图 1-8 所示。这台电动机驱动的点焊机器人开创了电力驱动机器人的新纪元，从此告别液压驱动机器人时代。

1984 年，美国 Adept Technology 公司开发出第一台直接驱动的选择顺应性装配机器手臂（SCARA），命名为 Adept One，如图 1-9 所示。直接驱动是 Adept One 机器人的最主要特点，Adept One 机器人的电力驱动马达和机器手臂直接连接，省去了中间齿轮或链条系统。由于消除了存在于传统间接驱动方式中的机械间隙摩擦及低刚度等不利因素，从而简化、精炼了控制模型，提高了伺服刚度及响应速度，因此，Adept One 机器人能显著提高机器人合成速度及定位精度。

图1-8 世界第一台电动机驱动的工业机器人

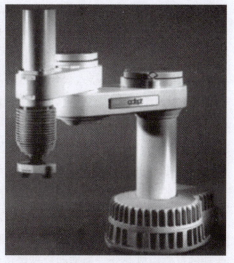
图1-9 世界第一台直接驱动的SCARA

1992年，瑞士的Demaurex公司出售其第一台应用于包装领域的三角洲机器人（Delta Robot）给罗兰公司（Roland），如图1-10所示。三角洲机器人是一个并联的手臂机器人，由洛桑联邦理工学院（洛桑联邦理工大学）（Federal Institute of Technology of Lausanne，EPFL）的Reymond Clavel教授发明。三角洲机器人的机座安装在工作平台上，从机座延伸出3个互相连接的机器人手臂。这些机器人手臂的两端连接到一个小三角平台上，机器人手臂将沿X、Y或Z方向的三角平台移动。最初，瑞士Demaurex公司购买三角洲机器人许可证并生产，主要应用于包装行业，目前三角洲机器人广泛应用于包装工业、医疗和制药行业等。

工业机器人的发展趋势

1996年，德国库卡公司（KUKA）开发出第一台基于个人计算机的机器人控制系统，如图1-11所示。该机器人控制系统配置有一个集成的6D鼠标的控制面板，操纵鼠标，便可实时控制机械手臂的运动。

国内工业机器人发展

图1-10 世界第一台三角洲机器人投入使用

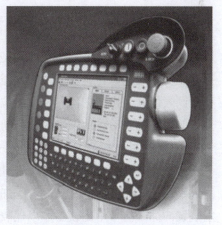
图1-11 世界第一台基于个人计算机的机器人控制系统

21 世纪以来，工业机器人进入商品化和实用化阶段。2005 年，日本安川（Motoman）机器人公司推出了第一台商用的同步双臂机器人。2006 年，KUKA 公司开发了一款拥有先进控制能力的轻型 7 自由度机械臂，它实现了机器臂自重与负载比为 1∶1 的设计。2007 年，日本安川机器人公司推出超高速弧焊机器人，降低了 15% 的周期时间，这是当时最快的焊接机器人。2008 年，日本发那科（FANUC）公司推出了一个新的重型机器人 M-2000iA，其有效荷载约达 1 200 kg。2009 年，瑞典 ABB 公司推出了世界上最小的多用途工业机器人 IRB120。2010 年，日本发那科公司推出"学习控制机器人"（Learning Control Robot）R-2000iB。2011 年，第一台仿人型机器人进入太空。此后，工业机器人技术继续蓬勃发展，各大厂商纷纷推出更加智能化、多功能化的产品。随着物联网、大数据、人工智能等技术的不断融合，工业机器人正逐步向更加高效、灵活、智能的方向发展，为全球制造业的转型升级提供了强大的技术支撑。如今，工业机器人已经成为现代工业生产中不可或缺的重要组成部分，为推动全球经济的发展和社会的进步做出了巨大贡献。

1.2　工业机器人的分类

按照控制方式分类，工业机器人可分为非伺服控制机器人和伺服控制机器人两种；按照坐标系分类，工业机器人的主要机械结构有直角坐标型、圆柱坐标型、球坐标型（也称极坐标型）、关节坐标型和并联型；按照驱动方式分类，工业机器人可分为液压驱动式、气压驱动式和电动机驱动式三类。通过本节内容的学习，可以掌握工业机器人的分类方法，以及各类工业机器人的结构和特点。

1.2.1　按照机器人的控制方式分类

1. 非伺服控制机器人

非伺服控制机器人的工作能力有限。机器人按照预先编程的顺序工作，并使用限位开关、制动器、闩锁板和定序器来控制机器人的运动。闩锁板用于预先确定机器人的工作顺序，并且通常是可调节的。定序器是一种定序开关或步进设备，它以预先确定的正确顺序打开驱动器的电源。驱动装置接入能量后，驱动机器人的手臂、手腕和手部运动。当它们移动到限位开关指定的位置时，限位开关切换工作状态，定序器发出工作任务已完成的信号，并使终端制动器动作，切断驱动能量，机器人停止移动。

2. 伺服控制机器人

伺服控制机器人比非伺服控制机器人有更强的工作能力。伺服系统的被控制量可为机器人手部执行装置的位置、速度、加速度和力等。将通过传感器取得的反馈信号与来自给定装置的综合信号用比较器加以比较后得到误差信号，此误差信号经过放大后用于激发机器人的驱动装置，进而带动末端执行器以一定规律运动，最终到达规定的位置或速度等。因此，这是一个反馈控制系统。

伺服控制机器人可分为点位伺服控制机器人和连续轨迹伺服控制机器人两种。

点位伺服控制机器人的受控运动方式为由一个点位目标移向另一个点位目标，只在目标点上完成操作。机器人可以以最快的速度和最直接的路径从一个目标点移到另一个目标点。通常，点位伺服控制机器人能用于只有终端位置是重要的而对目标点之间的路径和速度不做主要考虑的场合。点位控制主要用于点焊机器人、搬运机器人等。

连续轨迹伺服控制机器人能够平滑地跟踪某个规定的路径，其轨迹往往是某条不在预编程端点停留的曲线路径。连续轨迹伺服控制机器人具有良好的控制和运动特性。由于数据是依时间采样，而不是依预先规定的空间点采样的，因此连续轨迹伺服控制机器人的运动速度较快，功率较小，负载能力比较小。连续轨迹伺服控制机器人主要用于弧焊、喷涂、打飞边、去毛刺和检测等工作内容。

1.2.2 按照坐标系分类

在工业机器人的应用领域中，装配、码垛、喷涂、焊接、机加工，以及一般的手工业对机器人的负载能力、关节数量及工作空间容量的要求是不同的，因此产生了不同类型的机器人。

工业机器人分类

1. 直角坐标型机器人

直角坐标型（3P）是最简单的结构。其手臂按直角坐标形式配置即通过在三个相互垂直轴线上的移动来改变手部的空间位置。此类机器人的结构和控制方案与机床类似，其到达空间位置的三个运动均由直线构成，运动方向相互垂直，末端操作由附加的旋转机构实现，如图 1–12 所示。

2. 圆柱坐标型机器人

圆柱坐标型机器人（R2P）的手臂按圆柱坐标形式配置，即通过两个移动和一个转动来实现手部空间位置的改变。此类机器人在机座水平转台上装有立柱，立柱上安装了水平臂或杆架，水平臂可沿立柱做上下运动，并可在水平方向伸缩，如图 1–13 所示。

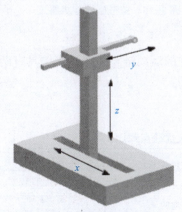

图 1-12　直角坐标型机器人

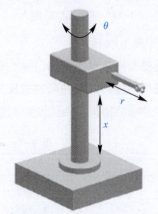

图 1-13　圆柱坐标型机器人

圆柱坐标型机器人的优点：运动学模型简单；末端执行器可以获得较高的速度；直线部分可采用液压驱动，可输出较大的动力；能够伸入型腔式机器内部；相同工作空间，本体所占空间体积比直角坐标型要小。它的缺点：手臂可以到达的空间受到限制，不能到达近立柱或近地面的空间；末端执行器外伸离立柱轴心越远，线位移分辨精度越低；后臂工作时，手臂后端会碰到工作范围内的其他物体。

3. 球坐标型机器人

球坐标型机器人（2RP）的手臂按球坐标形式配置，其手臂的运动由一个直线运动和两个转动所组成。手臂不仅可绕垂直轴旋转，还可绕水平轴做俯仰运动，而且能沿手臂做伸缩运动，如图 1-14 所示。

由于机械和驱动器连线的限制，机器人的工作包络范围是球体的一部分。它的优点是本体所占空间体积小，机构紧凑；中心支架附近的工作范围大，伸缩关节的线位移恒定。它的缺点是坐标复杂，轨迹求解较难，难于控制，而且转动关节在末端执行器上的线位移分辨率是一个变量。

4. 关节坐标型机器人

关节坐标型机器人一般由多个转动关节串联起的若干连杆组成，其运动由前后的俯仰及立柱的回转构成，如图 1-15 所示。关节坐标型机器人实际上有 3 种不同的形状：纯球状、平行四边形球状、圆柱状。

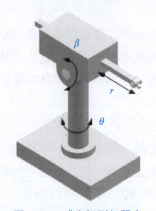

图 1-14　球坐标型机器人

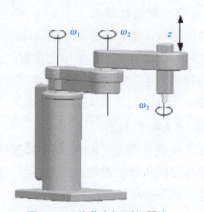

图 1-15　关节坐标型机器人

5. 并联型机器人

并联型机构是动平台和定平台通过至少两个独立的运动链相连接，机构具有两个或两个以上的自由度，并以并联方式驱动的一种闭环机构。

不同坐标结构机器人优缺点对比见表 1-1。

表 1-1　不同坐标结构机器人优缺点对比

类型	自由度	优点	缺点
直角坐标型	3 个直线运动关节	1. 结构简单； 2. 编程容易，在 x、y、z 三个方向的运动没有耦合，便于控制系统的设计； 3. 直线运动速度快，定位精度高，蔽障性能较好	1. 动作范围小，灵活性较差； 2. 导轨结构较复杂，维护比较困难，并且导轨暴露面大，容易被污染； 3. 结构尺寸较大，占地面积较大； 4. 移动部分惯量较大，增加了对驱动性能的要求

类型	自由度	优点	缺点
圆柱坐标型	2个直线运动关节和1个转动关节	1. 控制精度较高，控制较简单，结构紧凑； 2. 在腰部转动时可以把手臂缩回，从而减少转动惯量，改善力学负载； 3. 能够伸入型腔式机器内部； 4. 空间尺寸较小，工作范围较大，末端操作器可获得较高的运动速度	1. 由于机身结构的原因，手臂端部可以到达的空间受限制，不能到达靠近立柱或地面的空间； 2. 直线驱动部分难以密封，不利于防尘及防御腐蚀性物质； 3. 后缩手臂工作时，手臂后端会碰到工作范围内的其他物体
球坐标型	1个直线运动关节和2个转动关节	1. 占地面积小，结构紧凑，位置精度尚可； 2. 覆盖工作空间较大； 3. 在中心支架附近的工作范围较大	1. 坐标系统复杂、较难想象和控制； 2. 直线驱动装置仍然存在密封问题； 3. 存在工作死区； 4. 蔽障性能较差，存在平衡问题
关节坐标型	多个转动关节，一般为6个	1. 结构紧凑，占地面积小； 2. 动作灵活，工作空间大； 3. 没有移动关节，关节密封性能好； 4. 工作条件要求低，可在水下等环境中工作； 5. 适用于电动机驱动	1. 运动难以想象和控制，计算量较大； 2. 运动过程中存在平衡问题，控制存在耦合； 3. 不适合液压驱动
并联型	多个转动关节	1. 无累积误差，精度较高； 2. 运动部分质量轻，速度高，动态响应好； 3. 结构紧凑，刚度高，承载能力大； 4. 工作空间较小	在位置求解上，串联机构正解容易，但反解十分困难；而并联机构正解困难，反解非常容易

1.2.3　按照驱动方式分类

1. 液压驱动式工业机器人

液压驱动式工业机器人通常由油缸、电动机、电磁阀、油泵、油箱等组成驱动系统，来驱动机器人的各执行机构进行工作。这类工业机器人的抓取能力很大，可达几百千克以上，其特点是结构紧凑、动作平稳、耐冲击、耐振动、防爆性好，但液压元件要求有较高的制造精度和密封性能，否则会出现漏油现象，造成环境污染。

2. 气压驱动式工业机器人

气压驱动式工业机器人的驱动系统通常由气缸、气阀、气罐和空气压缩机等气动元件组成，其特点是气源方便、动作迅速、结构简单、造价较低、维护方便、便于清洁，但对速度很难进行精确控制，且气压不可太高，故抓举能力较低。

3. 电动机驱动式工业机器人

电动机驱动目前仍是工业机器人使用最多的一种驱动方式。其特点是电源方便、响应快、驱动力较大（关节型机器人的承载能力最大已达400 kg），信号检测、传递、处理方便，控制方式灵活。驱动电动机一般采用步进电动机、直流伺服电动机及交流伺服电动机，其中，交流伺服电动机（AC）是目前主要的驱动方式。由于电动机速度高，通常须采用各种减速机构，如谐波传动、RV摆线针轮传动、齿轮传动、螺旋传动和多杆机构等。部分机器人采用无减速机构的大转矩、低转速电动机直接驱动（DD），这样既可使机构简化，又可提高控制精度；也有部分机器人采用混合驱动方式，即液-气、电-液、电-气混合驱动。

三种不同驱动方式的特点比较见表1-2。

表1-2　三种不同驱动方式的特点比较

驱动方式		特点					
		输出力	控制性能	维修使用	结构体积	使用范围	制造成本
液压驱动		压力高，可获得大的输出力	油液不可压缩，压力、流量均容易控制，可无级调速，反应灵敏，可实现连续轨迹控制	维修方便，液体对温度变化敏感，油液泄漏易着火	在输出力相同的情况下体积比气压驱动方式小	中、小型及重型机器人	液压元件成本较高，油路比较复杂
气压驱动		气体压力低，输出力较小，如需输出力大时，其结构尺寸过大	可高速，冲击较严重，精确定位困难。气体压缩性大，阻尼效果低速不易控制，不易与CPU连接	维修简单，能在高温、粉尘等恶劣环境中使用，泄漏无影响	体积较大	中、小型机器人	结构简单，能源方便，成本低
电动机驱动	异步电动机、直流电动机	输出力较大	控制性能较差，惯性大，不易精确定位	维修使用方便	需要减速装置，体积较大	速度低，自重大的机器人	成本低
	步进电动机、伺服电动机	输出力较小	容易与CPU连接，控制性能好，响应快，可精确定位，但控制系统复杂	维修使用较复杂	体积较小	程序复杂、运动轨迹要求严格的机器人	成本较高

1.3　工业机器人的技术参数

由于机器人的结构、用途和要求不同，机器人的性能也有所不同。工业机器人选型中的主要技术参数包括自由度（控制轴数）、工作范围、最大工作速度、定位精度、承载能力等参数；选型样本手册和说明书中还包括外形尺寸、质量、安装方式、防护等级、供电电源、安装和运输等相关参数。通过本节内容的学习，可以掌握工业机器人的主要技术参数，为工业机器人选用奠定基础。

1.3.1　自由度

自由度是指机器人机构能够独立运动的关节数目，是衡量机器人动作灵活性的重要指标，可用轴的直线移动、摆动或旋转动作的数目来表示。

工业机器人轴的数量决定了其自由度，一般有 4～6 个自由度，7 个以上的自由度为冗余自由度，可用来避开障碍物或奇异位形。自由度越多，就越接近人手的动作机能，通用性就越好，但是自由度越多，结构就越复杂，对机器人的整体要求就越高，这是机器人设计中的一个矛盾。

确定自由度时，在能完成预期动作的情况下，应尽量减少机器人自由度数目。目前，工业机器人大多是一个开链机构，每一个自由度都必须由一个驱动器单独驱动，同时必须有一套相应的减速机构及控制线路，这就增加了机器人的整体质量，加大了结构尺寸。所以，只有在特殊需要的场合，才考虑更多的自由度。自由度的选择与功能要求有关。如果机器人被设计用于生产批量大、操作可靠性要求高、运行速度快、周围设备构成复杂、所抓取的工件质量较小等场合，则自由度可少一些；如果要便于产品更换、增加柔性，则机器人的自由度要多一些。

工业机器人的多自由度最终用于改变末端在三维空间中的位姿。以通用的 6 自由度工业机器人为例，由第 1～3 轴驱动的 3 个自由度用于调整末端执行器的空间定位，由第 4～6 轴驱动的 3 个自由度用于调整末端执行器的空间姿态，如图 1-16 所示。由于机器人在实际工作时，定位和定向动作往往是同时进行的，因此，需要多轴进行联动动作。

工业机器人的技术参数

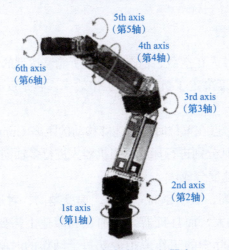

图 1-16　6 自由度工业机器人

1.3.2　工作范围

工作范围是指机器人在未安装末端执行器时，其手腕参考点所能到达的空间。工作范围是衡量机器人作业能力的重要指标，工作范围越大，机器人的作业区域也就越大。

工作范围的大小取决于各关节运动的极限范围，不仅与机器人各构件尺寸有关，还与它的总体构形有关。在工作范围内不仅要考虑各构件自身的干涉，还要防止构件与作业环境发生碰撞。因此，工作范围的定义应剔除机器人在运动过程中可能产生自身碰撞的干涉区，实际工作范围还应剔除末端执行器碰撞的干涉区。如图 1-17 所示，红线内部为机器人的工作空间，展示了工业机器人的最高、最低、最远和最近工作范围。

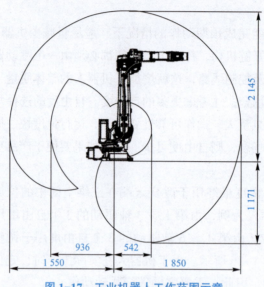

图 1-17　工业机器人工作范围示意

1.3.3　最大工作速度

最大工作速度是指机器人在空载、稳态运动时所能够达到的最大稳定速度，或者末端最大的合成速度。运动速度决定了机器人的工作效率，它是反映机器人性能水平的重要参数。

机器人工作速度用参考点在单位时间内能够移动的距离（mm）、转过的角度（°）或弧度（rad）表示，它按运动轴分别进行标注。当机器人进行多轴同时运动时，其空间工作速度应是所有参与运动轴的速度合成。

机器人的工作速度越高，效率越高。然而，速度越高，对运动精度影响越大，需要的驱动力越大，惯性也越大，而且机器人在加速和减速上需要花费更长的时间和更多的能量。一般根据生产实际中的工作节拍分配每个动作的时间，再根据机器人各动作的形成范围确定完成各动作的速度。机器人的总动作时间小于或等于工作节拍，如果两个动作同时进行，则按照时间较长的计算。在实际应用中，单纯考虑最大稳定速度是不够的，还应注意其最大允许加速度。最大允许加速度则要受到驱动功率和系统刚度的限制。

1.3.4　定位精度

机器人的定位精度是指机器人定位时，末端执行器实际到达的位置和目标位置间的误差值，它是衡量机器人作业性能的重要技术指标。机器人样本和说明书中所提供的定位精度一般是指各坐标轴的重复定位精度（Position Repeatability，RP），在部分产品上还提供了轨迹重复精度（Path Repeatability，RT）。

机器人的定位精度是根据使用要求确定的，而机器人本身能达到的定位精度取决于机器人的定位方式、驱动方式、控制方式、缓冲方式、运动速度、臂部刚度等因素。机器人的定位需要通过运动学模型来确定末端执行器的位置，其理论位置与实际位置之间本身就存在误差；加上结构刚度、传动部件间隙、位置控制和检测等多方面的原因，其定位精度并不高。因此，它一般只能用作零件搬运、装卸、码垛、装配的生产辅助设备，或是用于位置精度要求不高的焊接、切割、打磨、抛光等粗加工。

1.3.5　承载能力

承载能力（Payload）是指机器人在工作范围内任意位姿所能承受的最大质量，其不仅取决于负载的质量，还与机器人在运行时的速度与加速度有关。它一般用质量、搬运、装配、力转矩等技术参数表示。对专用机械手来说，其承载能力主要根据被抓取物体的质量来确定，其安全系数一般可取 $1.5 \sim 3.0$。

搬运、装配、包装类机器人的承载能力是指机器人能抓取的物品质量，产品样本所提供的承载能力是指不考虑末端执行器质量、假设负载重心位于手腕参考点时，机器人高速运动可抓取的物品质量。

焊接、切割等加工机器人无须抓取物品，因此，所谓承载能力，是指机器人所能安装的末端执行器质量。切削加工类机器人需要承担切削力，其承载能力通常是指切削加工时所能够承受的最大切削进给力。

为了能够准确反映负载重心的变化情况，机器人承载能力有时也可用允许转矩（Allowable Moment）的形式表示，或者通过机器人承载能力随负载重心位置变化图来详细表示。

实践任务　工业机器人类型辨识

任务目标

辨识某工业机器人的类型，说明其有几个自由度。

任务描述

学习本项目内容后，教师可以带领学生走进学校的工业机器人实训室或校外企业实训基地。教师首先对学校的工业机器人实训室或校外企业实训基地的设备进行简要介绍，并说明进入场地的任务要求，还要特别强调安全注意事项，要求学生分小组辨识各类机器人并说明其自由度。

任务准备

根据班级规模将学生分成若干个小组,每组以 5 ~ 6 人为宜,并事先讨论推荐 1 人为小组长,负责制订本组工作的计划并组织实施及讨论汇总和统一协调;选出 1 人对本小组工作情况进行汇报交流。每组填写本小组成员的分工安排表(表 1-3)。

表 1-3 本小组成员的分工安排表

小组长	汇报人	成员 1	成员 2	成员 3	成员 4

任务计划(决策)

根据小组讨论内容,以框图的形式展示并说明辨识工业机器人的类型和顺序(方法),将辨识顺序(方法)绘制在下面的框内。

> 辨识顺序:

任务实施

根据实训室的各类型工业机器人,结合所学知识,通过查询文献、网络搜索等方法收集这些装置的信息,将它们的名称、类型及自由度填入表 1-4。

表 1-4 工业机器人类型信息

名称	类型	自由度

任务检查(评价)

(1)各小组汇报人进行任务完成情况展示,并说明过程。

(2)小组其他人员补充。

机器人视觉技术
及其应用

（3）其他小组成员提出建议。

（4）填写评价表。任务检查评价见表1-5。

表1-5　任务检查评价

小组名称：			小组成员：			
评价项目	评价指标	权重	小组自评	组间互评	教师评价	得分
职业素养	1. 遵守实训室规章制度； 2. 按时完成工作任务； 3. 积极主动地承担工作任务； 4. 注意人身安全和设备安全； 5. 遵守"6S"规则； 6. 发挥团队协作精神，专心、精益求精	30				
专业能力	1. 工作准备充分； 2. 说明工业机器人类型正确、齐全； 3. 说明自由度准确	50				
创新能力	1. 方案计划可行性强； 2. 提出自己的独到见解及其他创新	20				
合计		100				
评价意见						

思考练习题

一、填空题

1. 按坐标系分，工业机器人的主要机械结构有_____、_____、_____、_____、_____。

2. 工业机器人选型中的主要技术参数包括_____、_____、_____、_____、_____等参数。

3. 除了专门设计的专用工业机器人以外，一般工业机器人在执行不同的作业任务时具有较好的_____性。

二、选择题

1. 以下对"机器人三原则"的说法正确的是（　　）。

A. 第一条机器人必须来保护自己；第二条机器人不能眼看人将遇害而袖手旁观，机器人必须在不违反第一条规定的情况下保护人，但是命令其违反第一条规定

时可不保护人；第三条机器人必须在不违反第一、二条规定的情况下服从人的命令

B．第一条机器人必须来保护自己；第二条机器人不可伤害人，或眼看人将遇害而袖手旁观，但是命令其违反第一条规定时可不服从；第三条机器人必须在不违反第一、二条规定的情况下服从人的命令

C．第一条机器人不可伤害人，或眼看人将遇害而袖手旁观；第二条机器人必须服从人的命令，但是命令其违反第一条规定时可不服从；第三条机器人必须在不违反第一、二条规定的情况下来保护自己

D．第一条机器人必须服从人的命令；第二条机器人不可伤害人，或眼看人将遇害而袖手旁观，但是命令其违反第一条规定时可不服从；第三条机器人必须在不违反第一、二条规定的情况下来保护自己

2．世界上第一台工业机器人的名字是（　　　）。

A．Unimate
B．Versation
C．斯坦福手臂
D．IRB-6

3．世界上第一台机电驱动的 6 轴机器人的名字是（　　　）。

A．Unimate
B．Famulus
C．IRB-6
D．Versation

三、判断题

1．目前在工作中没有可以不依赖人的机器人系统。（　　　）
2．机器人完全具有和人一样的思维能力。（　　　）
3．工业机器人技术是机械学、电子学等的综合技术。（　　　）

四、简答题

1．工业机器人有哪几种驱动方式？并简述其优缺点。
2．简述直角坐标型、圆柱坐标型、球坐标型、关节坐标型和并联型工业机器人的优缺点。

项目 2　工业机器人的机械系统

【项目介绍】

本项目主要介绍了工业机器人的机械系统组成，包括固定式和行走式两种机座的工作原理及其应用范围；手臂的组成、运动轨迹、配置、驱动及设计注意事项；腕部的运动方式、分类、驱动方式及其应用；手部分类、特点及其工作原理；直线传动机构和旋转传动机构的特点及其工作原理。

【学习目标】

知识目标

1. 掌握工业机器人机座的类型、功能及运动结构；
2. 掌握工业机器人臂部的类型、功能及运动结构；
3. 掌握工业机器人腕部的类型、功能及运动结构；
4. 掌握工业机器人手部的类型、功能及运动结构。

能力目标

1. 能够根据实际需求选择合适的末端执行器；
2. 能够独立完成某工业机器人机械结构的辨识。

素质目标

1. 遵守实训室规章制度；
2. 按时完成工作任务；
3. 积极主动地承担工作任务；
4. 注意人身安全和设备安全；
5. 遵守"6S"规则；
6. 发挥团队协作精神，专心、精益求精。

【知识链接】

工业机器人的机械系统由机座、臂部、腕部、手部或末端执行器组成，如图2-1所示。工业机器人为了完成工作任务，必须配置操作执行机构，这个操作执行机构相当于人的手部，有时也称为手爪或末端执行器。而连接手部和臂部的部分

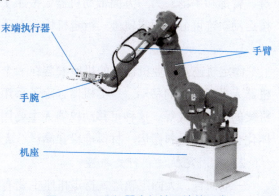

图2-1　工业机器人机械系统的组成

相当于人的手腕，称为腕部，作用是改变末端执行器的空间方向和将荷载传递到臂部。臂部连接机身和腕部，主要作用是改变手部的空间位置，满足机器人的作业空间，并将各种荷载传递到机身。机座是机器人的基础部分，起着支承作用。对于固定式机器人，机座直接固定在地面基础上；对于行走式机器人，机座安装在行走机构上。

2.1 工业机器人的机座

机座是机器人的基础部分，起着支承作用，具有一定的刚度和稳定性。工业机器人机座有固定式和行走式两种。对于固定式机器人，机座直接固定在地面上；对于移动式机器人，机座则安装在行走机构上。行走机构可沿地面或架空轨道运行。通过本节内容的学习，可以掌握各类型机座的结构、特点及运行方式。

机座

2.1.1 机器人的固定式机座

固定的机座结构比较简单。固定式机器人的安装方法分为直接地面安装、架台安装和底板安装 3 种形式。

（1）机器人机座直接安装在地面上时，是将底板埋入混凝土或用地脚螺栓固定。底板要求尽可能稳固，以经受得住机器人手臂施加的反作用力。底板与机器人机座用高强度螺栓连接。

（2）机器人架台安装在地面上时，与机器人机座直接安装在地面上的要领基本相同。机器人机座与台架、台架与底板用高强度螺栓固定连接。

（3）机器人机座用底板安装在地面上时，用螺栓孔安装底板在混凝土地面或钢板上。机器人机座与底板用高强度螺栓固定连接。

2.1.2 机器人的行走式机座

行走式机座满足了机器人可行走的条件，是行走机器人的重要执行部件，它由驱动装置、传动机构、位置检测元件、传感器、电缆及管路等组成。它一方面支承机器人的机身、臂部和手部；另一方面带动机器人按照工作任务的要求进行运动。机器人的行走机构按运动轨迹可分为固定轨迹式行走机构和无固定轨迹式行走机构。

1. 固定轨迹式行走机座

固定轨迹式工业机器人的机座安装在一个可移动的拖板座上，由丝杠螺母驱动，整个机器人沿丝杠纵向移动。这类机器人除了采用这种直线行走方式外，有时也采用类似起重机梁的行走方式等。这种可移动机器人主要用在作业区域大的场合，如大型设备装配，立体化仓库中的材料搬运、材料堆垛和储运、大面积喷涂等。

2. 无固定轨迹式行走机座

一般而言，无固定轨迹式行走机座主要有轮式行走机座、履带式行走机座、足式行走机座。此外，还有适用于各种特殊场合的步进式行走机座、动式行走机座、混合式行走机座和蛇行式行走机座等。

（1）轮式行走机座。轮式行走机器人是机器人中应用最多的一种机器人，在相对平坦的地面上，用车轮移动方式行走是相当优越的。目前应用的轮式行走机构主要为三轮式行走机构或四轮式行走机构。

1）三轮式行走机构。三轮式行走机构具有一定的稳定性，代表性的车轮配置方式是一个前轮、两个后轮，如图2-2所示。图2-2（a）所示为两个后轮独立驱动，前轮仅起支承作用，靠后轮转向；图2-2（b）所示为采用前轮驱动、前轮转向的方式；图2-2（c）所示为采用两后轮差动减速器减速、前轮转向的方式。

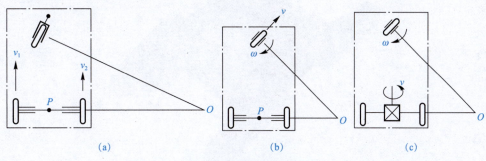

图 2-2　三轮式行走机构

（a）两个后轮独立驱动；（b）前轮驱动和转向；（c）后轮差动，前轮转向

2）四轮式行走机构。四轮式行走机构的应用最为广泛，四轮式行走机构可采用不同的方式实现驱动和转向，如图2-3所示。图2-3（a）所示为后轮分散驱动；图2-3（b）所示为利用连杆机构实现四轮同步转向，当前轮转动时，通过四连杆机构使后轮得到相应的偏转。这种行走机构相比仅由前轮转向的行走机构而言，可实现更灵活的转向和较大的回转半径。

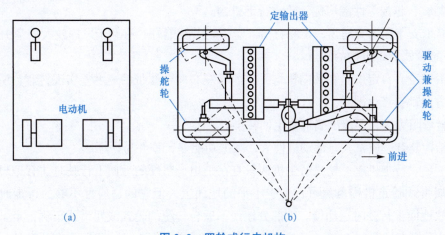

图 2-3　四轮式行走机构

（a）后轮分散驱动；（b）四轮同步转向机构

具有4组轮子的轮系，其运动稳定性有很大提高。但是，要保证4组轮子同时和地面

接触，必须使用特殊的轮系悬架系统。它需要 4 个驱动电动机，控制系统也比较复杂，造价也较高。

（2）履带式行走机座。履带式行走机构适合在天然路面行走，它是轮式行走机构的拓展，履带的作用是给车轮连续铺路。采用该类行走机构的机器人可以在凹凸不平的地面上行走，也可以跨越障碍物、爬不太高的台阶等。图 2-4 所示为双重履带式可转向行走机构的机器人。

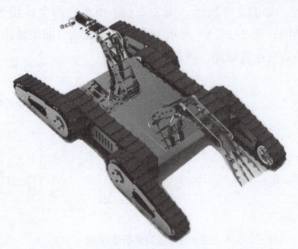

图 2-4　双重履带式可转向行走机构的机器人

履带式行走机构的特点如下。

1）履带式行走机构的优点。

①支承面积大，接地比压小，适合在松软或泥泞场地进行作业，下陷度小，滚动阻力小。

②越野机动性好，可以在凹凸不平的地面上行走，可以跨越障碍物，能爬梯度不大的台阶，爬坡、越沟等性能均优于轮式行走机构。

③履带支承面上有履齿，不易打滑，牵引附着性能好，有利于发挥较大的牵引力。

2）履带式行走机构的缺点。

①由于没有自定位轮和转向机构，只能靠左右两个履带的速度差实现转弯，所以转向和前进方向都会产生滑动。

②转弯阻力大，不能准确地确定回转半径。

③结构复杂，质量大，运动惯性大，减振功能差，零件易损坏。

（3）足式行走机座。轮式行走机构只有在平坦、坚硬的地面上行驶时才有理想的运动特性。履带式行走机构虽然可行走于不平的地面上，但它的适应性不够，行走时晃动太大，在软地面上行驶时运动慢。大部分地面不适合传统的轮式或履带式车辆行走。足式动物却能在这些地方行动自如，显然足式与轮式和履带式行走方式相比具有独特的优势。现有的步行机器人的足数分别为单足、双足、三足、四足、六足、八足甚至更多。足的数目多，适用于重载和慢速运动。双足和四足具有良好的适应性和灵活性，如图 2-5 所示。

图2-5　双足式行走机座和四足式行走机座

2.2　工业机器人的臂部

工业机器人的手臂部件（简称臂部）是机器人的主要执行部件，是支承部和末端执行器，作用是带动腕部和手部进行运动，使机器人的机械手或末端执行器可以达到任务所要求的位置。通过本节内容的学习，可以掌握臂部的结构组成、运动方式及驱动方式。

2.2.1　手臂的运动

为了让机器人的手爪或末端执行器可以实现任务目标，手臂至少能够完成3个运动：垂直移动、径向移动、回转运动。

1. 垂直移动

垂直移动是指机器人手臂的上下运动。这种运动通常采用液压缸机构或其他垂直升降机构来完成，也可以通过调整整个机器人机身在垂直方向上的安装位置来实现。

2. 径向移动

径向移动是指手臂的伸缩运动。机器人手臂的伸缩使其手臂的工作长度发生变化。在圆柱坐标型结构中，手臂的最大工作长度决定其末端所能达到的圆柱表面直径。

3. 回转运动

回转运动是指机器人绕铅垂轴的转动。这种运动决定了机器人的手臂所能到达的角度位置。

2.2.2　臂部的组成

机器人的臂部主要包括臂杆以及与其伸缩、屈伸或自转等运动有关的构件，如传动机构、驱动装置、导向定位装置、支撑连接和位置检测元件等。此外，还有与腕部或手臂的运动和连接支撑等有关的构件、配管配线等。根据臂部的运动和布局、驱动方式、传动和导向装置的不同，机器人的臂部可分为以下部分：

（1）伸缩型臂部结构；

（2）转动伸缩型臂部结构；

（3）屈伸型臂部结构；

（4）其他专用的机械传动臂部结构。

2.2.3 臂部的配置

机身和臂部的配置形式基本上反映了机器人的总体布局。由于机器人的运动要求、工作对象、作业环境和场地等因素的不同，臂部出现了各种不同的配置形式。目前常用的有横梁式、立柱式、机座式和屈伸式。

手臂

1. 横梁式配置

机身设计成横梁式，用于悬挂手臂部件，通常分为单臂悬挂式和双臂悬挂式两种，如图2-6所示。这类机器人的运动形式大多为移动式。它具有占地面积小、能有效利用空间、动作简单直观等优点。

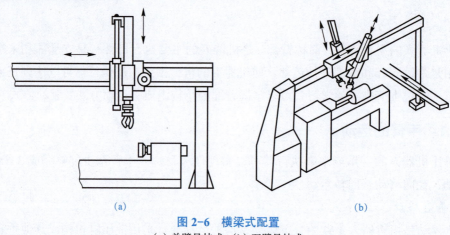

(a)　　　　　　　　　　　　　　　　　　(b)

图2-6　横梁式配置

(a) 单臂悬挂式；(b) 双臂悬挂式

横梁可以是固定的，也可以是行走的，一般安装在厂房原有建筑的柱梁或有关设备上，也可以地面上架设。

2. 立柱式配置

立柱式机器人多采用回转型、俯仰型或屈伸型的运动形式。立柱式配置常分为单臂式和双臂式两种，如图2-7所示。一般臂部可在水平面内回转，具有占地面积小而工作范围大的特点。立柱可以固定安装在空地上，也可以固定在架台上。立柱式机器人结构简单，主要承担上、下料或运转等工作。

3. 机座式配置

机身设计成机座式，这种机器人可以是独立的、自成系统的完整装置，可以随意安放和搬动，也可以沿地面上的专用轨道移动，以扩大其工作范围。各种运动形式均可以设计成机座，如图2-8所示。

4. 屈伸式配置

屈伸式机器人的臂部由大、小臂组成，大、小臂间有相对运动，称为屈伸臂。屈伸臂与机身集成在一起，结合工业机器人的运动轨迹，不但可以实现平面运动，还可以实现空间运动。

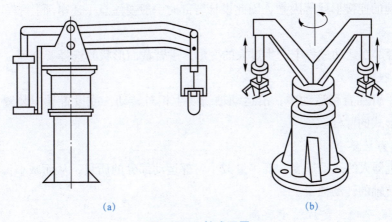

(a)   (b)

图 2-7　立柱式配置
(a) 单臂式配置；(b) 双臂式配置

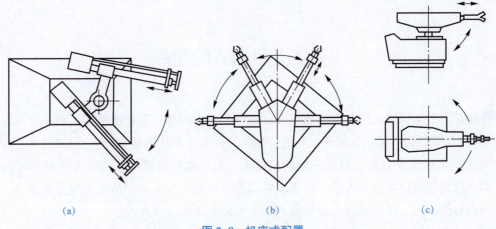

(a)   (b)   (c)

图 2-8　机座式配置
(a) 双臂回转式；(b) 多臂回转式；(c) 单臂回转式

2.2.4　工业机器人臂部的驱动

机器人的手臂由大臂、小臂或多臂组成。手臂的驱动方式主要有液压驱动、气动驱动和电动机驱动等几种形式，其中电动机驱动形式最为通用。

臂部伸缩机构行程较小时，可采用油（气）缸直接驱动；当行程较大时，可采用油（气）缸驱动齿轮齿条传动的倍增机构或步进电动机及伺服电动机驱动，也可用丝杠螺母或滚珠丝杠传动。手臂的俯仰通常采用摆动油（气）缸驱动、铰链连杆机构传动实现；臂部回转与升降机构回转常采用回转缸与升降缸单独驱动，适用于升降行程短而回转角度小的情况，也可采用升降缸与气动马达—锥齿轮传动的机构。

2.2.5　工业机器人臂部设计注意事项

臂部的结构形式必须根据机器人的运动形式、抓取质量、动作自由度、运动精度等因素来确定。同时，设计时必须考虑到手臂的受力情况、油（气）缸及导向装置的布置、内部管路与手腕的连接形式等因素，因此设计臂部时一般要注意下述事项。

1. 刚度要大
为防止臂部在运动过程中产生过大的变形，手臂截面形状的选择要合理。

2. 导向性要好
为防止手臂在直移运动中，沿运动轴线发生相对转动，或设置导向装置，或设计方形、花键等形式的臂杆。

3. 偏重力矩要小
为提高机器人的运动速度，要尽量减小臂部运动部分的质量，从而减小偏重力矩和整个手臂对回转轴的转动惯量。

4. 运动要平稳、定位精度要高
应尽量减小臂部运动部分的质量，使结构紧凑、质量轻，同时要采取一定形式的缓冲措施。

2.3　工业机器人的腕部

手腕是关节型机器人的重要组成部分，也可以称为腕部，是连接机器人的小臂与末端执行器（手臂和手部）的结构部件，它的作用是利用自身的活动度来确定手部的空间姿态，从而确定手部的作业方向。对于一般的机器人，与手部相连接的腕部具有独驱自转的功能，若手腕能在空间取任意方位，手部就可以在空间取任意姿态，从而实现完全灵活。通过本节内容的学习，可以掌握工业机器人腕部的分类及其运动方式。

2.3.1　机器人腕部的运动方式

腕部是臂部与手部的连接部件，起支承手部和改变手部姿态的作用。为了使手部能处于空间任意方向，要求腕部能实现对空间三个坐标轴 X、Y、Z 的转动，即具有偏转、俯仰和回转 3 个自由度。图 2-9 所示的回转方向分别为臂转、手转和腕摆。

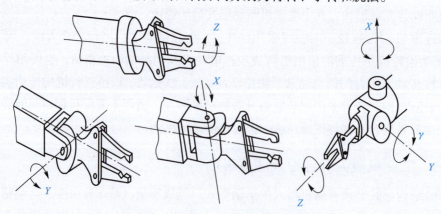

图 2-9　腕部的 3 个运动和坐标系

一般工业机器人只有具有 6 个自由度，才能使手部（末端执行器）达到目标位置和处于期望的姿态。

1. 臂转

臂转是指腕部绕小臂轴线的转动，又称为腕部旋转。有些机器人限制其腕部转动角小于 360°。另一些机器人则仅受到控制电缆缠绕圈数的限制，腕部可以转几圈。按腕部转动特点的不同，用于腕部关节的转动又可细分为滚转和弯转两种。滚转是指组成关节的两个零件自身的几何回转中心和相对运动的回转轴线重合，因而实现 360° 转动，如图 2-10（a）所示。无障碍旋转的关节运动，通常用 R 来标记。弯转是指两个零件的几何回转中心和其相对转动轴线垂直的关节运动，如图 2-10（b）所示。由于受到结构限制，其相对转动角度一般小于 360°。弯转通常用 B 来标记。

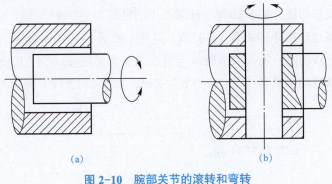

（a） （b）

图 2-10 腕部关节的滚转和弯转
（a）滚转；（b）弯转

手腕

2. 手转

手转是指腕部的上下摆动，这种运动也称为俯仰，又称为腕部弯曲，如图 2-9 所示。

3. 腕摆

腕摆是指机器人腕部的水平摆动，又称为腕部侧摆。腕部的旋转和俯仰两种运动结合起来可以看成侧摆运动，通常机器人的侧摆运动由一个单独的关节提供，如图 2-9 所示。

腕部结构多为上述 3 个回转方式的组合，组合的方式可以有多种形式，常用的腕部组合方式包括臂转 – 腕摆 – 手转结构、臂转 – 双腕摆 – 手转结构等，如图 2-11 所示。

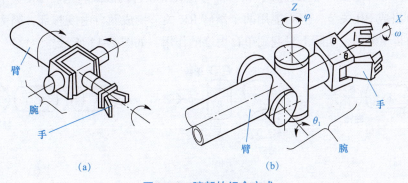

（a） （b）

图 2-11 腕部的组合方式
（a）臂转 – 腕摆 – 手转结构；（b）臂转 – 双腕摆 – 手转结构

2.3.2　机器人腕部的分类

腕部按自由度个数可分为单自由度腕部、两自由度腕部和三自由度腕部。采用几个自由度的腕部应根据工业机器人的工作性能来确定。在有些情况下，腕部具有两个自由度，如回转和俯仰或回转和偏转。一些专用机械手甚至没有腕部，但有的腕部为了满足特殊要求还具有横向移动的自由度。

1.　单自由度腕部

（1）单一的臂转功能。机器人的关节轴翻转线与臂部的纵轴线共线，回转角度不受结构俯仰限制，可以回转360°。该运动用滚转关节（R关节）实现，如图2-12（a）所示。

（2）单一的手转功能。关节轴线与臂部及手的轴线相互垂直，回转角度受结构限制，通常小于360°。该运动用弯转关节（B关节）实现，如图2-12（b）所示。

（3）单一的腕摆功能。关节轴线与臂部及手的轴线在另一个方向上相互垂直，回转角度受结构限制。该运动用弯转关节（B关节）实现，如图2-12（c）所示。

（4）单一的平移功能。腕部关节轴线与臂部及手的轴线在一个方向上成一平面，不能转动只能平移。该运动用平移关节（T关节）实现，如图2-12（d）所示。

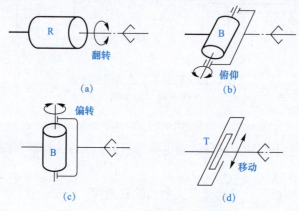

图2-12　单一自由度功能的腕部
（a）R关节；（b）、（c）B关节；（d）T关节

2.　两自由度腕部

机器人腕部可以由一个滚转关节和一个弯转关节联合构成滚转弯转BR关节，或由两个弯转关节组成BB关节，但不能用两个滚转RR关节构成两自由度腕部，因为两个滚转关节的运动是重复的，实际上只起到单自由度的作用，如图2-13所示。

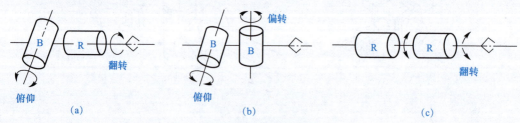

图2-13　两自由度腕部
（a）BR关节；（b）BB关节；（c）RR关节（属于单自由度）

3. 三自由度腕部

由 R 关节和 B 关节组合构成的三自由度腕部可以有多种形式，能实现臂转、手转和腕摆功能。可以证明，三自由度腕部能使手部取得空间任意姿态。图 2-14 所示为 6 种三自由度腕部的结合方式示意。

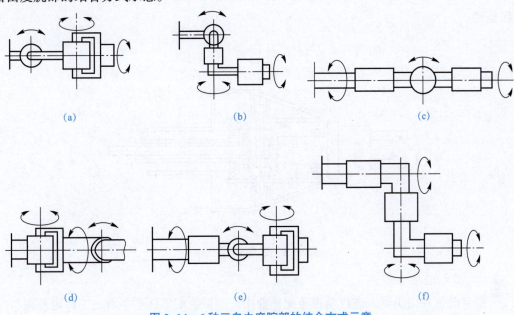

图 2-14 6 种三自由度腕部的结合方式示意
(a) BBR 型；(b) BRR 型；(c) RBR 型；(d) BRB 型；(e) RBB 型；(f) RRR 型

2.3.3 机器人腕部的驱动方式

多数机器人将腕部结构的驱动部分安排在小臂上。首先设法使与几个电动机驱动轴同轴旋转的心轴和多层套筒连接，当运动传入腕部后再分别实现各个动作。从驱动方式看，腕部驱动一般有直接驱动和远程驱动两种形式。

1. 直接驱动

直接驱动是指驱动器安装在腕部运动关节的附近直接驱动关节运动，传动刚度好，但腕部的尺寸和质量大、惯量大，如图 2-15 所示。

驱动源直接安装在腕部上，这种直接驱动腕部的关键是能否设计和制造出驱动转矩大、驱动性能好的驱动电动机或液压马达。

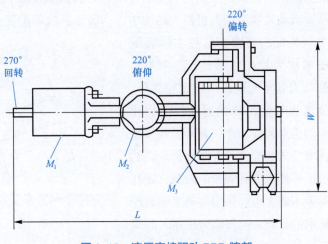

图 2-15 液压直接驱动 BBR 腕部

2. 远程驱动

远程驱动器安装在机器人的大臂、机座或小臂远端，通过机构间接驱动腕部关节运动，因而腕部的结构紧凑，尺寸和质量小，对改善机器人的整体性能有好处，但传动设计复杂，传动刚度也降低了。如图2-16所示，轴Ⅰ做回转运动，轴Ⅱ做俯仰运动，轴Ⅲ做偏转运动。

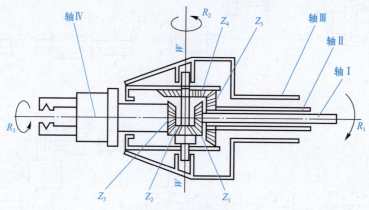

图 2-16　远程驱动腕部

3. 机器人的柔顺腕部

一般来说，在用机器人进行精密装配作业中，当被装配零件不一致、工件定位夹具的定位精度不能满足装配要求时，会导致装配困难。这就要求在装配动作时具有柔顺性，柔顺装配技术有主动柔顺装配和被动柔顺装配两种。

（1）主动柔顺装配。检测、控制的角度，采取各种路径搜索方法，可以实现边校正边装配。如在手爪上安装视觉传感器、力觉传感器等检测元件，这种柔顺装配称为主动柔顺装配。主动柔顺装配需要配备一定功能的传感器，价格较高。

（2）被动柔顺装配。主动柔顺是利用传感器反馈的信息来控制手爪的运动，以补偿其位姿误差。而被动柔顺是利用不带动力的机构来控制手爪的运动，以补偿其位置误差。在需要被动柔顺装配的机器人结构中，一般是在腕部配置一个角度可调的柔顺环节，以满足柔顺装配的需要。这种柔顺装配技术称为被动柔顺装配（RCC）。被动柔顺装配腕部结构比较简单，价格比较低，装配速度快。相比主动柔顺装配技术，被动柔顺装配技术要求装配件具有倾角，允许的校正补偿量受到倾角的限制，轴孔间隙不能太小。采用被动柔顺装配技术的机器人腕部称为机器人的柔顺腕部，如图2-17所示。

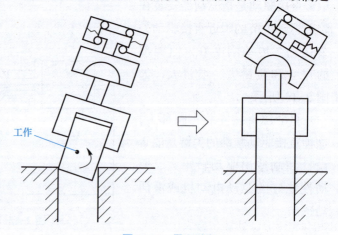

图 2-17　柔顺腕部

2.4 工业机器人的末端执行器

机器人直接用于抓取和握紧（吸附）专用工具（如喷枪、扳手、焊具、喷头等）并进行操作的部件，一般称为末端执行器。它具有模仿人手动作的功能，并安装于机器人手臂的前端。由于被握工件的形状、尺寸、质量、材质及表面状态等不同，因此工业机器人末端执行器是多种多样的，并大致可分为夹钳式手部、吸附式手部、专用操作器及转换器和仿生灵巧手部。通过本节内容的学习，可以掌握机器人各类手部的特点。

末端执行器

2.4.1 机器人的夹钳式手部

夹钳式手部是工业机器人最常用的一种手部形式。夹钳式手部一般由手指、驱动装置、传动机构和支架等组成，如图2-18所示。

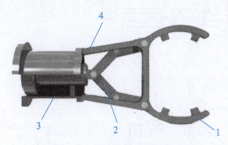

图2-18 夹钳式手部的组成

1—手指；2—传动机构；3—驱动装置；4—支架

1. 夹钳式手部的手指

手指是指直接与工件接触的构件。手部松开和夹紧工件是通过手指的张开和闭合来实现的。一般情况下，机器人的手部只有两个手指，少数有三个或多个手指。它们的结构形式取决于被夹持工件的形状和特性。根据工件形状、大小，以及被夹持部位材质的软硬、表面性质等的不同，手指的指面有光滑指面、齿形指面和柔性指面三种形式。对于夹钳式手部，其手指材料可选用一般碳素钢和合金钢。为使手指经久耐用，指面可镶嵌硬质合金；高温作业的手指可选用耐热钢；在气体环境下工作的手指，可镀铬或进行搪瓷处理，也可选用耐腐蚀的玻璃钢或聚四氟乙烯。

2. 夹钳式手部的驱动装置

夹钳式手部通常采用气动、液动、电动和电磁来驱动手指的开合。气动手爪因为具有结构简单、成本低、维修容易，以及开合迅速、质量轻等突出的优点，所以目前得到广泛的应用。其缺点是空气介质的可压缩性使爪钳位置控制复杂。液动手爪成本稍高一些。电动手爪的优点是手指开合电动机的控制与机器人控制可以共用一个系统，但是夹紧力比气

031

动手爪和液动手爪小，开合时间比它们长。电磁手爪控制信号简单，但是电磁夹紧力与爪钳行程有关，因此，只用在开合距离小的场合。

3. 夹钳式手部的传动机构

驱动源的驱动力通过传动机构驱使手指或爪产生夹紧力。传动机构是向手指传递运动以实现夹紧和松开动作的机构。夹钳式手部（手爪）还常以传动机构来命名，如图 2-19 所示。一般对传动机构有运动要求和夹紧力要求。图 2-19 所示的齿轮齿条式手爪可保持爪钳运动，夹持宽度变化大。对夹紧力的要求是爪钳开合度不同时，夹紧力能保持不变。

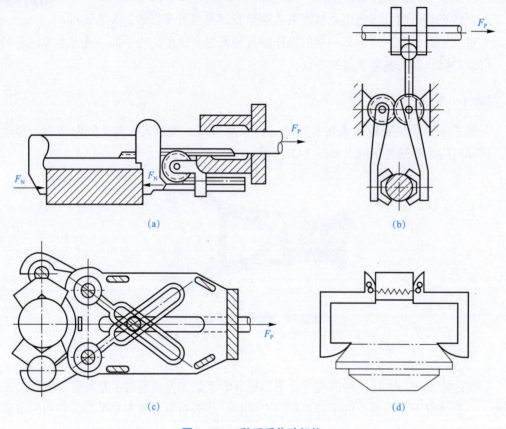

(a)　　　　　　　　　　　　　　　(b)

(c)　　　　　　　　　　　　　　　(d)

图 2-19　4 种手爪传动机构
（a）齿轮齿条式手爪；（b）拨杆杠杆式手爪；（c）滑槽式手爪；（d）重力式手爪

2.4.2　机器人的吸附式手部

吸附式手部依靠吸附力取料。根据吸附力的不同手部有气吸附和磁吸附两种。吸附式手部适用于抓取大平面（单面接触无法抓取）、易碎（玻璃、磁盘）、微小（不易抓取）的物体，因此适用范围较广。

1. 气吸附手部

气吸附手部是工业机器人常用的一种吸持工件的装置。它由吸盘（一个或几个）、吸盘架及进排气系统组成。气吸附手部具有结构简单、质量轻、使用方便可靠等优点，主要用于搬运体积大、质量轻的零件（如冰箱壳体、汽车壳体等），也广泛用于需要小心搬运的物件（如显像管、平板玻璃等），以及非金属材料（如板材、纸张等）或其他材料的吸附搬运。

气吸附手部的另一个特点是对工件表面没有损伤，且对被吸持工件预定的位置精度要求不高；但要求工件上与吸盘接触部位光滑平整、清洁，被吸工件材质致密，没有透气空隙。气吸附手部是利用吸盘内的压力与大气压之间的压力差工作的。按形成压力差的方法不同，气吸附手部可分为真空吸附手部、气流负压吸附手部、挤压排气吸附手部3种。

（1）真空吸附手部。采用真空泵能保证吸盘内持续产生负压，所以这种吸盘比其他形式吸盘的吸力大。图2-20所示为真空吸附手部的结构。主要零件为橡胶吸盘1，通过固定环2安装在支承杆4上，支承杆由螺母6固定在基板5上。取料时，橡胶吸盘与物体表面接触，橡胶吸盘的边缘起密封和缓冲作用，然后真空抽气，吸盘内腔形成真空，物料被吸附。放料时，管路接通大气，吸盘内腔失去真空，物体被放下。为了避免在取放料时产生撞击，有的还在支承杆上配有弹簧缓冲。为了更好地适应物体吸附面的倾斜，在橡胶吸盘背面设计有球铰链。

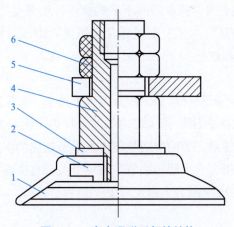

图2-20　真空吸附手部的结构
1—橡胶吸盘；2—固定环；3—垫片；4—支承杆；5—基板；6—螺母

（2）气流负压吸附手部。压缩空气进入喷嘴后，利用伯努利效应使橡胶皮碗内产生负压，要取物时，压缩空气高速流经喷嘴，其出口处的气压低于吸盘内腔的气压，出口处的气体被高速气流带走而形成负压，完成取物动作。当需要释放时，切断压缩空气，即负压吸附手部需要的压缩空气。工厂一般有空压机站或空压机，比较容易获得空压，不需要专为机器人配置真空泵，所以气流负压吸盘在工厂内使用方便，成本较低。

（3）挤压排气吸附手部。挤压排气吸附的手部结构简单，既不需要真空泵系统，也不需要压缩空气气源，比较经济、方便。但要防止漏气，不宜长期停顿，可靠性比真空吸附手部和气流负压吸附手部差。挤压排气吸附手部的吸力计算是在假设吸盘与工件表面气密性良好的情况下进行的，利用热力学定律和静力平衡公式计算内腔最大负压和最大极限吸力。对市场供应的三种型号的耐油橡胶吸盘进行吸力理论计算及实测的结果（理论计算误差主要由假定工件表面为理想状况造成）表明，在工件表面清洁度、平滑度较好的情况下牢固吸附时间可达到 30 s，能满足一般工业机器人工作循环时间的要求。

2. 磁吸附手部

磁吸附手部是利用电磁铁通电后产生的电磁吸力取料，因此只能对铁磁物体起作用，但是对某些不允许有剩磁的零件禁止使用，所以，磁吸附手部的使用有一定的局限性。

2.4.3　仿生灵巧手部

夹钳式手部不能适应物体外形变化，不能使物体表面承受比较均匀的夹持力。为了提高机器人手爪和手腕的操作能力、灵活性和快速反应能力，使机器人手部能像人手那样进行各种复杂作业，因此需要设计出动作灵活多样的灵巧手。

1. 柔性手

为了能对不同外形的物体实施抓取，并使物体表面受力比较均匀，人们研制出了柔性手。柔性手的多关节柔性手腕中的每个手指由多个关节串联而成；可采用电动机驱动或液压、气动元件驱动；柔性手腕可抓取凹凸不平的物体并使其受力较为均匀。图 2-21 所示为多关节柔性手指，传动部分由牵引钢丝绳及摩擦滚轮组成，每个手指由两根钢丝绳牵引，分别控制手指的握紧和放松。

2. 多指灵巧手

大部分工业机器人的手部只有两个手指，而且手指上一般没有关节，因此取料不能适应外形的变化，不能使物体表面承受比较均匀的夹持力，无法对复杂形状的物体实施夹持。操作机器人手部和腕部最完美的形式是模仿人手研制出的多指灵巧手。多指灵巧手由多个手指组成，每一个手指有三个回转关节，每一个关节自由度都是独立控制的，这样能模仿各种复杂动作。图 2-22 所示为多指灵巧手。

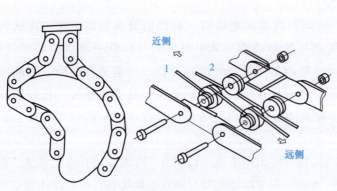

图 2-21　多关节柔性手指
1、2—钢丝绳

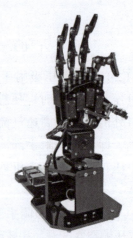

图 2-22　多指灵巧手

2.5 工业机器人的传动机构

工业机器人的驱动源通过传动机构来驱动关节的移动或转动，从而实现机身、手臂和手腕的运动。因此，传动机构是构成工业机器人的重要部件。根据传动类型的不同，传动机构可以分为直线传动机构和旋转传动机构两大类。通过本节内容的学习，可以掌握移动关节导轨、齿轮齿条装置、滚珠丝杠、液（气）压缸等直线传动机构和齿轮链、同步皮带、谐波减速器、RV减速器等旋转传动机构的结构组成及其特点。

2.5.1 直线传动机构

工业机器人常用的直线传动机构可以直接由气缸或液压缸和活塞组成，也可以采用齿轮齿条、滚珠丝杠、螺母等传动元件由旋转运动转换得到。

传动装置（一）

1. 移动关节导轨

在运动过程中移动关节导轨可以起到保证位置精度和导向的作用。移动关节导轨有5种：普通滑动导轨、液压动压滑动导轨、液压静压滑动导轨、气浮导轨和滚动导轨。

普通滑动导轨和液压动压滑动导轨具有结构简单、成本低的优点，但是它必须留有间隙以便润滑，而机器人荷载的大小和方向变化很快，间隙的存在又将会引起坐标位置的变化和有效荷载的变化；此外，这两种导轨的摩擦系数随着速度的变化而变化，在低速时容易产生爬行现象等。

液压静压滑动导轨结构能产生预荷载，能完全消除间隙，具有高刚度、低摩擦、高阻尼等优点，但是它需要单独的液压系统和回收润滑油的机构。

气浮导轨的缺点是刚度和阻尼较低。

滚动导轨在工业机器人中应用最为广泛，导轨的结构用支承座支承，可以方便地与任何平面相连，此时套筒必须是开式的，嵌入滑枕，既增强了刚度也方便了与其他元件的连接。

2. 齿轮齿条装置

在齿轮齿条装置中，如果齿条固定不动，当齿轮转动时，齿轮轴连同拖板沿齿条方向做直线运动。这样，齿轮的旋转运动就转换成拖板的直线运动。拖板是由导杆或导轨支承的，该装置的回差较大。

3. 滚珠丝杠

在机器人上经常采用滚珠丝杠，这是因为滚珠丝杠的摩擦力很小且运动响应速度快。由于滚珠丝杠在丝杠螺母的螺旋槽里放置了许多滚珠，传动过程中所受的摩擦力是滚动摩擦，可极大地减小摩擦力，因此传动效率高，消除了低速运动时的爬行现象。在装配时施加一定的预紧力，可消除回差。

如图2-23所示，滚珠丝杠中的滚珠从钢套管中出来，进入经过研磨的导槽，转动

2～3圈以后，返回钢套管。滚珠丝杠的传动效率可以达到90%，所以只需要使用极小的驱动力，并采用较小的驱动连接件就能够传递运动。

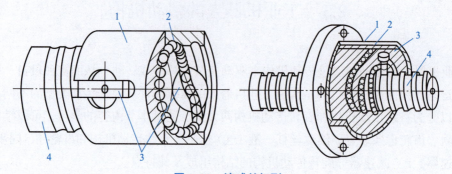

图 2-23　滚珠丝杠副

1—螺母；2—滚珠；3—回程引导装置；4—丝杠

4. 液（气）压缸

液（气）压缸是将液压泵（空压机）输出的压力能转换为机械能、做直线往复运动的执行元件，使用液（气）压缸可以很容易地实现直线运动。液（气）压缸主要由缸筒、缸盖、活塞、活塞杆和密封装置等部件构成，活塞和缸筒采用精密滑动配合，压力油（压缩空气）从液（气）压缸的一端进入，把活塞推向液（气）压缸的另一端，从而实现直线运动。通过调节进入液（气）压缸压力油（压缩空气）的流动方向和流量可以控制液（气）压缸的运动方向和速度。

2.5.2　旋转传动机构

一般电动机都能直接产生旋转运动，但其输出力矩比所要求的力矩小，转速比要求的转速高，因此需要采用齿轮、皮带传送装置或其他运动传动机构，把较高的转速转换成较低的转速，并获得较大的力矩。运动的传递和转换必须高效率地完成，并且不能有损于机器人系统所需要的特性，包括定位精度、重复定位精度和可靠性等。通过下列传动机构可以实现运动的传递和转换。

传动装置（二）

1. 齿轮链

齿轮链是由两个或两个以上的齿轮组成的传动机构。它不但可以传递运动角位移和角速度，而且可以传递力和力矩。使用齿轮链机构应注意两个问题。一是齿轮链的引入会改变系统的等效转动惯量，从而使驱动电动机的响应时间减小，这样伺服系统就更加容易控制。输出轴转动惯量转换到驱动电动机上，等效转动惯量的下降与输入/输出齿轮齿数的平方成正比。二是在引入齿轮链的同时，由于齿轮间隙误差，将会导致机器人手臂的定位误差增加；而且，如果不采取一些补救措施，齿轮间隙误差还会引起伺服系统的不稳定性。

2. 同步皮带

同步皮带类似工厂的风扇皮带和其他传动皮带，所不同的是这种皮带上具有许多型齿，它们和同样具有型齿的同步皮带轮齿相啮合。工作时，它们相当于柔软的齿轮，具有柔性好、价格低两大优点。另外，同步皮带还被用于输入轴和输出轴方向不一致的情况。这时，只要同步皮带足够长，使皮带的扭角误差不太大，则同步皮带仍能够正常工作。在伺服系统中，如果输出轴的位置采用码盘测量，则输入传动的同步皮带可以放在伺服环外面，这对系统的定位精度和重复性不会产生影响，重复精度可以达到 1 mm 以内。此外，同步皮带比齿轮链价格低得多，加工也容易得多。有时，齿轮链和同步皮带结合起来使用更为方便。

3. 谐波减速器

谐波减速器是利用行星轮传动原理发展起来的一种新型减速器，是依靠柔性零件产生的弹性机械波来传递动力和运动的一种行星轮传动。谐波减速器由固定的内齿刚轮、柔轮和使柔轮发生径向变形的波发生器 3 个基本构件组成。该减速器广泛应用于航空、航天、工业机器人、机床微量进给、通信设备、纺织机械、化纤机械、造纸机械、差动机构、印刷机械、食品机械和医疗器械等领域。

（1）谐波减速器的特点。

1）结构简单、体积小、质量轻。它与传动比相当的普通减速器比较，体积和质量均减少 1/3 左右或更多。

2）传动比范围大。单级谐波减速器传动比可为 50 ~ 300，优选为 75 ~ 250；双级谐波减速器传动比可为 3 000 ~ 60 000；复波谐波减速器传动比可为 200 ~ 140 000。

3）同时啮合的齿数多，传动精度高，承载能力大。

4）运动平稳、无冲击、噪声小。谐波减速器齿轮间的啮入、啮出是随着柔轮的变形，逐渐进入和逐渐退出刚轮齿间的，啮合过程中以齿面接触，滑移速度小，且无突然变化。

5）传动效率高，可实现高增速运动。

6）可实现差速传动。由于谐波齿轮传动的 3 个基本构件中，可以任意两个主动、第三个从动，因此如果让波发生器和刚轮主动、柔轮从动，就可以构成一个差动传动机构，从而方便实现快、慢速工作状况的转换。

（2）谐波减速器的结构。如图 2-24 所示，谐波减速器由具有内齿的刚轮、具有外齿的柔轮和波发生器组成。通常波发生器为主动件，而刚轮和柔轮之一为从动件，另一个为固定件。

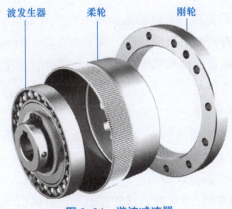

波发生器　　柔轮　　刚轮

图 2-24　谐波减速器

1）波发生器。波发生器与输入轴相连，对柔轮齿圈的变形起产生和控制的作用。它由一个椭圆形凸轮和一个薄壁的柔性轴承组成。柔性轴承不同于普通轴承，它的外环很薄，容易产生径向变形，在未装入凸轮之前环是圆形的，装入之后为椭圆形。

2）柔轮。柔轮有薄壁杯形、薄壁圆筒形或平嵌式等多种形式。薄壁圆筒形柔轮的开口端外面有齿圈，它随波发生器的转动而变形，筒底部分与输出轴连接。

3）刚轮。刚轮是一个刚性的内齿轮。双波谐波传动的刚轮通常比柔轮多两齿。谐波减速器多以刚轮固定，外部与箱体连接。

（3）谐波减速器的工作原理。波发生器通常是椭圆形的凸轮，将凸轮装入薄壁轴承，再将它们装入柔轮。此时柔轮由原来的圆形变成椭圆形，椭圆长轴两端的柔轮与刚轮轮齿完全啮合，形成啮合区（一般有30%左右的轮齿处在啮合状态）；椭圆短轴两端的柔轮与刚轮轮齿完全脱开。在波发生器长轴和短轴之间的柔轮轮齿，沿柔轮周长的不同区段内，有的逐渐退出刚轮轮齿间，处在半脱开状态，称为啮出；有的逐渐进入刚轮轮齿间，处在半啮合状态，称为啮入。波发生器在柔轮内转动时，迫使柔轮产生连续的弹性变形，波发生器的连续转动使柔轮轮齿循环往复地进行啮入—啮合—啮出—脱开这四种状态，不断改变各自原来的啮合状态，如图2-25所示。

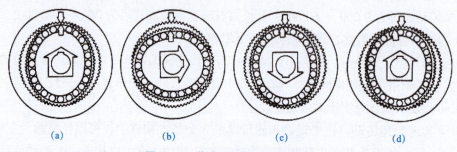

(a)   (b)   (c)   (d)

图2-25　谐波减速器的工作原理

4. RV减速器

RV减速器的传动装置采用的是一种新型的二级封闭行星轮系，是在摆线针轮传动基础上发展起来的一种新型传动装置，不仅克服了一般摆线针轮传动的缺点，而且因为具有体积小、质量轻、传动比范围大、寿命长、精度保持稳定、效率高、传动平稳等一系列优点，日益受到国内外的广泛关注，在机器人领域占有主导地位。RV减速器与机器人中常用的谐波减速器相比，具有较高的疲劳强度、刚度和寿命，而且回差精度稳定，不像谐波减速器那样随着使用时间延长，运动精度显著降低，因此世界上许多高精度机器人传动装置多采用RV减速器。

（1）RV减速器的特点。

1）传动比范围大，传动效率高。

2）扭转刚度大，远大于一般摆线针轮减速器的输出机构。

3）在额定转矩下，弹性回差误差小。

4）传递同样转矩与功率时，RV减速器较其他减速器体积小。

（2）RV 减速器的结构。如图 2-26 所示，RV 减速器主要由齿轮轴、行星轮、曲柄轴、摆线轮、针轮和输出盘等结构组成。

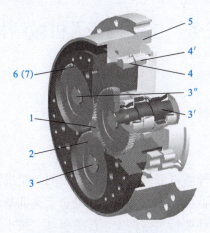

图 2-26　RV 减速器的结构

1—齿轮轴；2—行星轮；3—曲柄轴 1；3′—曲柄轴 2；
3″—曲柄轴 3；4′、4—摆线轮；5—针轮；6—输出盘；7—系杆

1）齿轮轴。齿轮轴又称为渐开线中心轮，用来传递输入功率，且与渐开线行星轮互相啮合。

2）行星轮。行星轮与曲柄轴固连，均匀分布在一个圆周上，起功率分流的作用，将齿轮轴输入的功率分流传递给摆线轮行星机构。

3）曲柄轴。曲柄轴是摆线轮的旋转轴。它的一端与行星轮相连接，另一端与支承圆盘相连接，既可以带动摆线轮产生公转，也可以使摆线轮产生自转。

4）摆线轮。为了在传动机构中实现径向力的平衡，一般要在曲柄轴上安装两个完全相同的摆线轮，且两摆线轮的偏心位置相互成 180°。

5）针轮。针轮上安装有多个针齿，与壳体固连在一起，统称为针轮壳体。

6）输出盘。输出盘是减速器与外界从动工作机相连接的构件，与刚性盘相互连接成为一体，输出运动或动力。

（3）RV 减速器的工作原理。图 2-27 所示为 RV 传动简图。RV 传动装置是由第一级渐开线圆柱齿轮行星减速机构和第二级摆线针轮行星减速机构两部分组成的。渐开线行星轮 2 与曲柄轴 3 连成一体，作为摆线针轮传动部分的输入。如果渐开线中心轮 1 顺时针方向的旋转，那么渐开线行星轮在公转的同时还进行逆时针方向的自转，并通过曲柄轴带动摆线轮进行偏心运动，此时摆线轮围绕其轴线公转的同时，还将在针齿的作用下

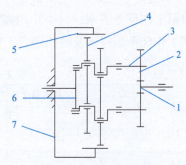

图 2-27　RV 传动简图

1—渐开线中心轮；2—渐开线行星轮；3—曲柄轴；
4—摆线轮；5—针齿；6—输出盘；7—针齿壳（机架）

反向自转，即顺时针转动。同时通过曲柄轴将摆线轮的转动等速传给输出机构。

实践任务　工业机器人机械结构辨识

任务目标

辨识某工业机器人的机械结构，说明名称及工作原理。

任务描述

学完本项目内容后，教师可以带领学生走进学校的工业机器人实训室或校外企业实训基地。教师首先对学校的工业机器人实训室或校外企业实训基地的设备进行简要介绍，并说明进入场地的任务要求，还要特别强调安全注意事项，按小组准备工业机器人的各种机械装置，要求学生分小组辨识各类装置及其工作原理。

任务准备

1. 小组分工

根据班级规模将学生分成若干个小组，每组以 5 ～ 6 人为宜，并事先讨论推荐 1 人为小组长，负责制订本组工作的计划并组织实施及讨论汇总和统一协调；选出 1 人对本小组工作情况进行汇报交流。每组填写本小组成员的分工安排表（表 2-1）。

表 2-1　本小组成员的分工安排表

小组长	汇报人	成员 1	成员 2	成员 3	成员 4

2. 工量具、文具材料准备

根据工作任务需求，每个小组需要准备工量具、文具、材料等，凡属借用实训室的，在完成工作任务后应该及时归还。工作任务准备清单见表 2-2。

表 2-2　工作任务准备清单

序号	名称	规格型号	单位	数量	是否自备	申领（借用人）

任务计划（决策）

根据小组讨论内容，以框图的形式展示并说明观察工业机器人各类机械装置的顺序，将观察机械装置的顺序绘制在下面的框内。

观察顺序：

任务实施

根据教师提供的各类机械装置，结合所学知识，通过查询文献、网络搜索等方法收集这些装置的信息，将它们的名称、工作原理及特点填入表2-3。

表2-3　机械装置信息

名称	基本原理	特点

任务检查（评价）

（1）各小组汇报人进行任务完成情况展示，并说明过程。

（2）小组其他人员补充。

（3）其他小组成员提出建议。

（4）填写评价表。任务检查评价见表2-4。

表2-4　任务检查评价

小组名称：				小组成员：			
评价项目	评价指标	权重	小组自评	组间互评	教师评价	得分
职业素养	1. 遵守实训室规章制度； 2. 按时完成工作任务； 3. 积极主动地承担工作任务； 4. 注意人身安全和设备安全； 5. 遵守"6S"规则； 6. 发挥团队协作精神，专心、精益求精	30				

评价项目	评价指标	权重	小组自评	组间互评	教师评价	得分
专业能力	1. 工作准备充分； 2. 说明机械装置正确、齐全； 3. 说明机械装置工作原理完整、正确	50				
创新能力	1. 方案计划可行性强； 2. 提出自己的独到见解及其他创新	20				
合计		100				
评价意见						

思考练习题

一、填空题

1. 为了让机器人的手爪或末端执行器可以达到任务目标，手臂至少能够完成3个运动：_____、_____、_____。

2. 目前常用臂部配置有如下几种形式：_____、_____、_____和_____。

3. 从驱动方式看，腕部驱动一般有两种形式：_____和_____。

二、选择题

1. 某部件作为机器人的支持部分，有固定式和移动式两种。该部件必须具有足够的刚度、强度和稳定性。该部件是指（　　　　）。

    A. 手部　　　　　　B. 腕部　　　　　　C. 臂部　　　　　　D. 腰部

    E. 机座

2. R关节是指（　　　）。

    A. 旋转关节　　　　B. 移动关节　　　　C. 复合关节　　　　D. 螺旋关节

3. P关节是指（　　　）。

    A. 旋转关节　　　　B. 移动关节　　　　C. 复合关节　　　　D. 螺旋关节

三、判断题

1. 工业机器人的机座分为固定式和移动式两种。（　　　）

2. 按形成压力差的方法不同，气吸附手部可分为真空吸附手部、气流负压吸附手部、挤压排气吸附手部3种。（　　　）

3. 腕部按自由度个数可分为单自由度腕部、两自由度腕部、三自由度腕部和四自由度腕部。（　　　）

4. 臂部的结构形式必须根据机器人的运动形式、抓取质量、动作自由度、运动精度等因素来确定。（　　　）

四、简答题

1．工业机器人机械结构系统由哪几部分构成？

2．工业机器人臂部的作用是什么？它是由哪些部分组成的？

3．谐波减速器的传动形式有哪些？各有什么特点？

项目 3 工业机器人的驱动系统

【项目介绍】

本项目主要介绍了机器人的各类驱动系统，包括直流电动机与直流伺服电动机的结构原理与参数，以及步进电动机的结构原理；液压驱动系统的组成、工作原理及主要设备；气压驱动系统的组成、工作原理及主要设备。

【学习目标】

知识目标

1. 掌握直流电动机与直流伺服电动机的结构原理；
2. 掌握机器人液压驱动系统的组成，熟悉液压驱动系统主要设备的工作机理；
3. 掌握机器人气压驱动系统的组成，熟悉气压驱动系统主要设备的工作机理。

能力目标

1. 能够辨识各类驱动装置的类型及其功能；
2. 能够熟练地分析某工业机器人的驱动装置。

素质目标

1. 遵守实训室规章制度；
2. 按时完成工作任务；
3. 积极主动地承担工作任务；
4. 注意人身安全和设备安全；
5. 遵守"6S"规则；
6. 发挥团队协作精神，专心、精益求精。

【知识链接】

工业机器人的驱动系统包括驱动器和传动机构两部分，如图 3-1 所示。

驱动装置相当于机器人的"肌肉"与"筋络"，向机械结构系统各部件提供动力。有些机器人通过减速器、同步带、齿轮等机械传动机构进行间接驱动，而有些机器人由驱动器直接驱动。

驱动方式

（1）直接驱动方式是指驱动器的输出轴和机器人手臂的关节轴直接相连的方式。直接驱动方式的驱动器和关节之间的机械系统较少，因而能够减少摩擦等非线性因素的影响，控制性能比较好。然而，为了直接驱动手臂的关节，驱动器的输出转矩必须很大。此外，由于不能忽略动力学对手臂运动的影响，控制系统还必须考虑到手臂的动力学问题。

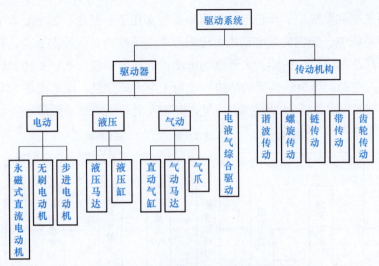

图 3-1　工业机器人的驱动系统

（2）间接驱动方式是指把驱动器的动力经过减速器、钢丝绳、传送带或平行连杆等装置后传递给关节。间接驱动方式包含带减速器的电动机驱动和远距离驱动两种。目前，大部分机器人的关节是间接驱动。

工业机器人的驱动器有 3 类：电动驱动器（电动机）、液压驱动器和气动驱动器。早期的工业机器人选用的是液压驱动器，后来电动驱动式机器人逐渐增多。工业机器人可以单独采用一种驱动方式，也可采用混合驱动方式。例如，有些喷涂机器人、重载点焊机器人和搬运机器人采用电——液伺服驱动系统，不仅具有点位控制和连续轨迹控制功能，还具有防爆功能。

3.1　工业机器人电动驱动系统

电动驱动系统利用各种电动机产生力矩和力，即由电能产生动能，直接或间接地驱动机器人本体以获得机器人的各种运动的执行机构。目前工业机器人驱动系统中主要采用的电动机包括步进电动机、直流电动机、无刷直流电动机、伺服电动机（图 3-2）及特种驱动器。通过本节内容的学习，可以掌握各类电动机的工作原理及其特点。

目前，高启动转矩、大转矩、低惯量的交、直流伺服电动机在工业机器人领域中得到了广泛应

图 3-2　伺服电动机

用。一般负载在 1 000 N 以下的工业机器人大多采用电动机伺服驱动系统。所采用的关节驱动电动机主要是交流伺服电动机、步进电动机和直流伺服电动机。其中，交流伺服电动机、直流伺服电动机、直接驱动电动机（DD）均采用位置闭环控制，一般应用于高精度、

高速度的机器人驱动系统中。步进电动机驱动系统多用于对精度、速度要求不高的小型简易机器人开环系统中。交流伺服电动机由于采用了电子换向，无换向火花，在易燃、易爆环境中得到了广泛的应用。机器人关节驱动电动机的功率一般为 0.1 ～ 10 kW。

工业机器人电动伺服驱动系统的结构一般为 3 个闭环控制，即电流环（转矩控制）、速度环（速度控制）和位置环（位置控制），工业机器人电动机的驱动原理如图 3-3 所示。

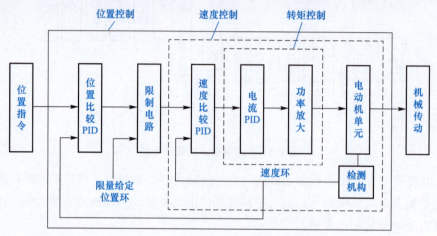

图 3-3　工业机器人电动机的驱动原理

3.1.1　步进电动机

步进电动机（stepping motor）是一种将输入脉冲信号转换成相应角位移或线位移的旋转电动机。步进电动机的输入量是脉冲序列，输出量则为相应的增量位移或步进运动。在正常运动情况下，它每转一周具有固定的步数，做连续步进运动时，其旋转转速与输入脉冲的频率保持严格的对应关系，不受电压波动和负载变化的影响。由于步进电动机能直接接受数字量的控制，因而特别适合采用计算机进行控制，是位置控制中不可或缺的执行装置。

步进电动机是通用、耐久和简单的电动机，可以应用在许多场合。在大多数应用场合，使用步进电动机时不需要反馈，这是因为步进电动机每次转动时步进的角度是已知的（除非失步）。由于它的角度位置总是已知的，因而也就没必要反馈。其电路简单，容易采用计算机控制，且停止时能保持转矩，维护也比较方便，但工作效率低，容易引起失步，有时也有振荡现象产生。步进电动机有不同的形式和工作原理，每种类型的步进电动机都有一些独特的特性，适用于不同的应用。大多数步进电动机可通过不同的连接方式工作在不同的工作模式下。

1. 步进电动机的分类

通常步进电动机具有永磁转子，而定子上有多个绕组。由于绕组中产生的热量很容易从电动机机体散失，因而步进电动机很容易受到热损坏的影响，但因为没有电刷与换向器，所以寿命比较长。

（1）永磁式步进电动机。永磁式步进电动机的转子为圆筒形永磁钢，定子位于转子的外侧，定子绕组中流过电流时产生定子磁场。定子磁场和转子磁场间相互作用，产生吸引力或排斥力，从而使转子旋转。永磁式步进电动机一般为两相，转矩和体积较小，步距角一般为 7.5° 或 15°。该步进电动机结构简单，生产成本低，步距角大，启动频率低，动态性能差［图 3-4（a）］。

（2）反应式步进电动机。反应式步进电动机的转子由齿轮状的低碳钢构成，转子在通电相定子磁场的作用下，旋转到磁阻最小的位置。反应式步进电动机出力大，动态性能好，但步距角大［图 3-4（b）］。

（3）混合式步进电动机。混合式步进电动机［图 3-4（c）］有时也称为永磁感应式步进电动机，它综合了反应式步进电动机、永磁式步进电动机两者的优点，步距角小、效率高、发热低、动态性能好，是目前性能最好的步进电动机。因为永磁体的存在，该电动机具有较强的反电动势，其自身阻尼作用比较好，在运行过程比较平稳、噪声低、低频振动小。混合式步进电动机在某种程度上可以被看作低速同步的电动机。一个四相电动机可以做四相运行，也可以做两相运行（必须采用双极电压驱动），而反应式步进电动机不能如此运行。

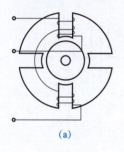 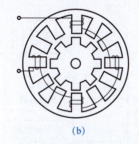 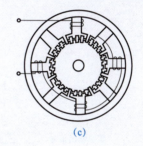

(a) (b) (c)

图 3-4　步进电动机的结构
(a) 永磁式；(b) 反应式；(c) 混合式

2. 步进电动机的工作原理

电动机的定子上有 6 个均匀分布的磁极，其夹角是 60°。各磁极上套有绕组，按图 3-5 所示的绕法连成 A、B、C 三相绕组。转子上均匀分布 40 个小齿。因此，每个齿的齿距为 $\theta_E=360°/40=9°$，而定子每个磁极的极弧上也有 5 个小齿，且定子和转子的齿距和齿宽均相同。

由于定子和转子的小齿数目分别是 30 和 40，其比值是一分数，这就产生了齿错位的情况。若以 A 相磁极小齿和转子的小齿对齐，那么 B 相和 C 相磁极的齿就会分别和转子齿相错三分之一的齿距，即 3°。因此，B、C 相磁极下的磁阻比 A 相磁极下的磁阻大。若给 B 相通电，B 相绕组产生定子磁场，其磁感线穿越 B 相磁极，并力图按磁阻最小的路径闭合，这就使转子受到反应转矩（磁阻转矩）的作用而转动，直到 B 相磁极上的小齿与转子小齿对齐，恰好转子转过 3°。此时，A、C 相磁极下的小齿又分别与转子小齿错开 1/3 齿距。接着停止对 B 相绕组通电，而改为 C 相绕组通电，

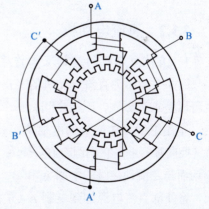

图 3-5　三相反应式步进电动机的剖面示意

同理受反应转矩的作用，转子按顺时针方向再转过 3°。

以此类推，当三相绕组按 A—B—C—A 顺序循环通电时，转子会按顺时针方向，以每个通电脉冲转动 3° 的规律步进式转动起来。若改变通电顺序，按 A—C—B—A 顺序循环通电，则转子按逆时针方向以每个通电脉冲转动 3° 的规律转动。因为每一瞬间只有一相绕组通电，并按三种通电状态循环通电，故称为单三拍运行方式。单三拍运行时的步距角 θ_B 为 30°。三相步进电动机还有两种通电方式：双三拍运行，即按 AB—BC—CA—AB 顺序循环通电的方式；单、双六拍运行，即按 A—AB—B—BC—C—CA—A 顺序循环通电的方式。六拍运行时的步距角将减小一半。步进电动机驱动器的原理如图 3-6 所示。

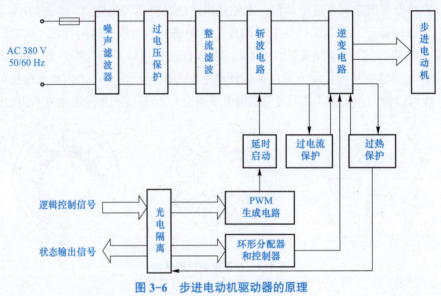

图 3-6　步进电动机驱动器的原理

3.1.2　直流电动机

1.　直流电动机的结构及工作原理

图 3-7 所示为直流电动机的工作原理示意，N 和 S 是一对固定的磁极，可以是电磁铁，也可以是永久磁铁，磁极之间有一个可以转动的铁质圆柱体，称为电枢铁芯。铁芯表面固定一个用绝缘导体构成的电枢绕组 abcd，绕组的两端分别接到相互绝缘的两个半圆形铜片（换向片）上，它们组合在一起称为换向器。在每个半圆形铜片上又分别放置一个固定不动而与之滑动接触的电刷 A 和 B，绕组 abcd 通过换向器和电刷接通外电路。

将外部直流电源加到电刷 A（正极）和 B（负极）上，在导体 ab 中，电流由 a 指向 b，在导体 cd 中，电流由 c 指向 d。导体 ab 和 cd 分别处于 N、S 极磁场中，受到电磁力的作用。由左手定则可知，导体 ab 和 cd 均受到电磁力的作用，且形成的转矩方向一致，这个转矩称为电磁转矩，为逆时针方向。这样电枢就顺着逆时针方向旋转，如图 3-7（a）所示。当电枢旋转 180°，导体 cd 转到 N 极下，导体 ab 转到 S 极下，由于电流仍从电刷 A 流入，cd 中的电流变为由 d 流向 c，而 ab 中的电流由 b 流向 a，从电刷 B 流出，由左手定则判断可知，电磁转矩的方向仍为逆时针方向，如图 3-7（b）所示。

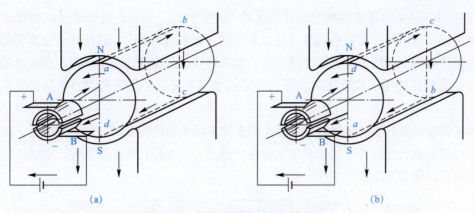

图 3-7　直流电动机的工作原理示意

(a) 换向前；(b) 换向后

由此可见，加在直流电动机上的直流电源借助换向器和电刷的作用，使直流电动机电枢绕组中流过电流的方向是交变的，从而使电枢绕组产生的电磁转矩的方向恒定不变，确保直流电动机朝着确定的方向连续旋转，这就是直流电动机的基本工作原理。

实际的直流电动机的电枢圆周均匀地嵌放着许多绕组，相应的换向器由许多换向片组成，使电枢绕组所产生的总的电磁转矩足够大且比较均匀，电动机的转速也就比较均匀。

2.　直流电动机的特点

作为控制用的电动机，直流电动机具有启动转矩大、体积小、质量轻、转矩和转速容易控制、效率高等优点；但是由于有电刷和换向器，因此寿命短、噪声大。为克服这一缺点，人们开发研制出了无刷直流电动机。在进行位置控制和速度控制时，需要使用转速传感器，实现位置、速度负反馈的闭环控制方式。

3.1.3　无刷直流电动机

无刷直流电动机是直流电动机和交流电动机的混合体，虽然其结构与交流电动机不完全相同，但两者具有相似之处。无刷直流电动机工作时使用的是开关直流波形，这一点和交流电相似（正弦波或梯形波），但频率不一定是 60 Hz。因此，无刷直流电动机不像交流电动机，它可以工作在任意速度（包括很低的速度）下。为了正确地运转，需要一个反馈信号来决定何时改变电流方向。实际上，装在转子上的旋转变压器、光学编码器或霍尔效应传感器都可以向控制器输出信号，由控制器来切换转子中的电流。为了保证运行平稳、力矩稳定，转子通常有三相，通过利用相位差为 120° 的三相电流给转子供电。无刷直流电动机通常由控制电路控制运行，若直接连接在直流电源上，它不会运转。

3.1.4　伺服电动机

伺服电动机是指带有反馈的直流电动机、交流电动机、无刷电动机或步进电动机。它们通过控制以期望的转速和相应的转矩运动到期望转角。为此，反馈装置向伺服电动机控制器电路发送信号，提供电动机的角度和速度。如果负载增大，转速就会比期望的转速低，电流就会增大至转速达到期望值为止。如果信号显示速度比期望值高，那么电流会相应减小。如果还使用了位置反馈，那么位置信号用于在转子达到期望的角位置时关闭电动机。

为了实现伺服电动机的控制，可以使用多种不同类型的传感器，包括编码器、旋转变压器、电位器和转速计等。如果采用了位置传感器，如电位计和编码器等，对输出信号进行微分就可以得到速度信号（图3-8）。

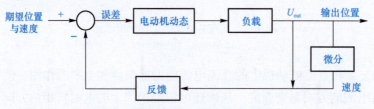

图3-8 伺服电动机控制器的控制原理

3.1.5 特种驱动器

1. 分类

（1）压电驱动器。众所周知，利用压电元件的电致伸缩现象已制造出应变式加速度传感器和超声波传感器，压电驱动器利用电场能把几微米到几百微米的位移控制在高于微米级大的力，所以压电驱动器一般用于特殊用途的微型机器人系统中。

（2）超声波电动机（图3-9）。具有体积小、质量轻、不用制动器、速度和位置控制灵敏度高、转子惯性小、响应性能好、没有电磁噪声等普通电动机不具备的优点。

图3-9 超声波电动机

（3）真空电动机。用于在超洁净环境下工作的真空机器人，如用于搬运半导体硅片的超真空机器人等。

由于低惯量、大转矩的交、直流伺服电动机及其配套的伺服驱动器（交流变频器、直流脉冲宽度调制器）的广泛采用，这类驱动系统在机器人中被大量选用。这类系统不需要能量转换，使用方便、控制灵活。大多数电动机后面需要安装精密的传动机构。直流有刷电动机不能直接用于要求防爆的环境中，成本也较液压、气动两种驱动系统高。但因这类驱动系统优点比较突出，因此在机器人中被广泛选用。

2. 选用原则

工业机器人驱动系统设计中需要重点考虑控制方式、作业环境要求、性价比和机器操作运行速度 4 方面的内容，常见特殊驱动器的选用原则如下。

（1）物料搬运（包括上、下料）、冲压用的有限点位控制的程序控制机器人，低速重负载的可选用液压驱动系统；中等负载的可选用电动驱动系统；轻负载、高速的可选用气动驱动系统。冲压机器人多选用气动驱动系统。

（2）在点焊、弧焊及喷涂作业机器人中，只需要实现任意点位和连续轨迹控制功能，一般采用电液或电动伺服驱动系统。如果控制精度要求较高，多采用电动伺服驱动系统；重负载搬运及防爆喷涂机器人采用电液伺服控制。

（3）对于喷涂机器人，由于工作环境需要防爆，多采用电液伺服驱动系统和具有本质安全型防爆的交流电动伺服驱动系统。对于水下机器人、核工业机器人、空间机器人、易燃易爆环境机器人及放射性环境作业机器人等特种机器人，采用交流伺服驱动较为妥当。

（4）点位重复精度和运行速度（≤ 4.5 m/s）要求较高的装配机器人，可采用交流、直流或步进电动机伺服系统；如果对速度、精度要求更高，则采用直流伺服驱动系统。

3.2 工业机器人液压驱动系统

液压驱动将液压泵产生的工作油的压力能转变成机械能，即发动机带动液压泵，液压泵转动形成高压液流（动力），液压管路将高压液体（液压油）接到液压马达 / 液压泵，使其转动，形成驱动力。通过本节内容的学习，可以掌握液压驱动系统的结构及其工作原理。

液压驱动系统的工作原理如图 3-10 所示。液压驱动系统具有控制精度较高、可无级调速、反应灵敏、可实现连续轨迹控制等优点，其操作力大、功率体积比大，适用于大负载、低速驱动。但液压驱动系统对密封的要求较高，且不宜在高温或低温的场合工作，要求制作精度较高，快速反应的伺服阀成本也非常高，漏液及复杂的维护也限制了液压驱动机器人的应用。

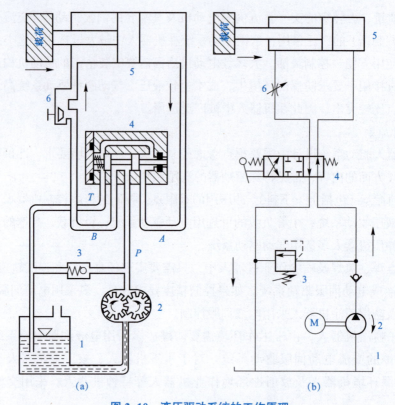

图 3-10　液压驱动系统的工作原理

1—油箱；2—液压泵；3—溢流阀；4—换向阀；5—液压缸；6—节流阀

3.2.1　液压缸

　　液压缸是将液压能转变为机械能的、做直线往复运动或摆动运动的液压执行元件。它结构简单，工作可靠。用液压缸来实现往复运动时，可省去减速装置，而且没有传动间隙，运动平稳，因此在各种机械的液压系统中得到广泛应用。

工业机器人液压驱动系统

　　用电磁阀控制的直线液压缸是最简单和成本最低的开环液压驱动装置。在直线液压缸的操作中，可以通过受控节流口调节流量，在机械部件到达运动终点时实现减速，使停止过程得到控制。

　　无论是直线液压缸还是旋转液压电动机，它们的工作原理都基于高压油对活塞或叶片的作用。液压油是经控制阀被送到液压缸的一端的，在开环系统中，控制阀是由电磁铁控制的；在闭环系统中，控制阀是用电液伺服阀来控制的（图 3-11）。

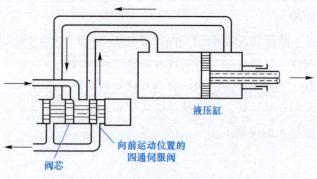

图 3-11　直线液压缸中控制阀的控制

3.2.2　液压电动机

液压电动机又称为旋转液压电动机，是液压系统的旋转式执行元件，如图 3-12 所示。

图 3-12　旋转液压电动机

旋转液压电动机的壳体由铝合金制成，转子是钢制的。密封圈和防尘圈分别用来防止液压油的外泄和保护轴承。在电液阀的控制下，液压油经进油口进入，并作用于固定在转子的叶片上，使转子转动。隔板用来防止液压油短路。通过一对由消隙齿轮带动的电位器和一个解算器给出转子的位置信息。电位器给出粗略值，而精确位置由解算器测定。当然，液压电动机整体的精度不会超过驱动电位器和解算器的齿轮系精度。

3.2.3　液压阀

1.　单向阀

单向阀只允许油液向某一方向流动，而反向截止，这种阀也称为止回阀，如图 3-13 所示。

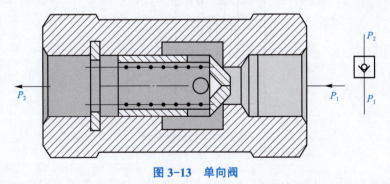

图 3-13　单向阀

2.　换向阀

（1）滑阀式换向阀。滑阀式换向阀是依靠阀芯在阀体内做轴向运动，使相应的油路接通或断开的换向阀。其换向原理如图 3-14 所示。当阀芯处于图 3-14（a）所示位置时，P 与 B 相连，A 与 T 相连，活塞向左运动；当阀芯处于图 3-14（b）所示位置时，P 与 A 相连，B 与 T 相连，活塞向右运动。

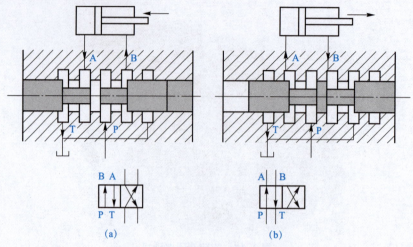

（a）活塞向左运动；（b）活塞向右运动

图 3-14　滑阀式换向阀的工作原理
（a）活塞向左运动；（b）活塞向右运动

（2）手动换向阀。手动换向阀用于手动换向。

（3）机动换向阀。机动换向阀用于机械运动中，作为限位装置限位换向，如图 3-15 所示。

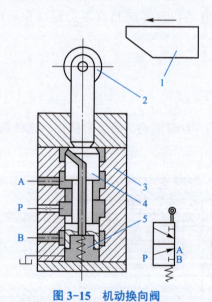

图 3-15　机动换向阀
1—行程挡块；2—滚轮；3—阀体；4—阀芯；5—弹簧

（4）电磁换向阀。电磁换向阀用于在电气装置或控制装置发出换向命令时，改变流体方向，从而改变机械运动状态。三位四通电磁换向阀如图 3-16 所示。

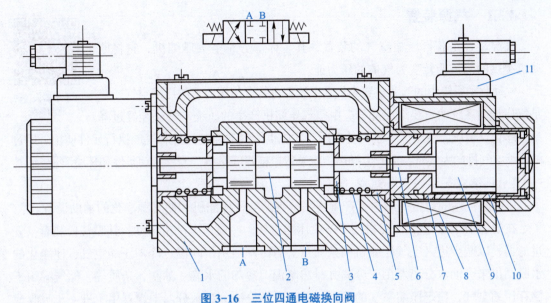

图 3-16　三位四通电磁换向阀

1—阀体；2—阀芯；3—定位器；4—弹簧；5—挡块；6—连杆；
7—环；8—线圈；9—衔铁；10—导套；11—插头

液压技术是一种比较成熟的技术，具有动力大、力（或力矩）与惯量比大、快速响应高、易于实现直接驱动等特点，适于在承载能力大、惯量大及在防焊环境中工作的机器人中应用。但是液压系统需进行能量转换（电能转换成液压能），速度控制多数情况下采用节流调速，效率比电动驱动系统低。液压系统的液体泄漏会对环境造成污染，工作噪声也较高。因为这些缺点，近年来，在负荷为 100 kg 以下的机器人中往往被电动系统所取代。

3.3　工业机器人气动驱动系统

气动驱动式的工作原理与液压驱动式相同，靠压缩空气来推动气缸运动进而带动元件运动。其气体压缩性大，精度低，阻尼效果差，低速不易控制，难以实现伺服控制，能效比较低，但其结构简单，成本低。通过本节内容的学习，可以掌握气动驱动系统的基本组成以及工作原理。

气动驱动适用于轻负载、快速驱动、精度要求较低的有限点位控制的工业机器人中，如冲压机器人，或者用于点焊等较大型通用机器人的气动平衡中，或者用于装备机器人的气动夹具，其组成如图 3-17 所示。

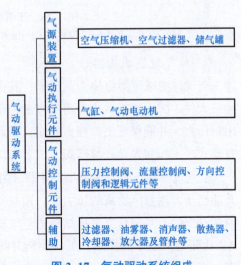

图 3-17　气动驱动系统组成

3.3.1　气源装置

气源装置是获得压缩空气的装置，其主体部分是空气压缩机，它将原动机提供的机械能转变为气体的压力能。

工业机器人气动驱动系统

气动驱动系统中的气源装置为气动系统提供符合使用要求的压缩空气，它是气压传动系统的重要组成部分。由空气压缩机产生的压缩空气必须经过降温、净化、减压、稳压等一系列处理后，才能供给气动控制元件和气动执行元件使用。用过的压缩空气排向大气时，会产生噪声，应采取措施降低噪声，改善劳动条件和环境质量。

1. 压缩空气站的设备组成

压缩空气站的设备一般包括产生压缩空气的空气压缩机和使气源净化的辅助设备。

在图 3-18 中，空气压缩机用于产生压缩空气，一般由电动机带动。其吸气口装有空气过滤器，以减少进入空气压缩机的杂质量。后冷却器用于降温、冷却压缩空气，使净化的水凝结出来。油水分离器用于分离并排出降温、冷却的水滴、油滴、杂质等。储气罐用于储存压缩空气，稳定压缩空气的压力，并除去部分油分和水分。干燥器用于进一步吸收或排除压缩空气中的水分和油分，使之成为干燥空气。空气过滤器用于进一步过滤压缩空气中的灰尘、杂质颗粒。储气罐 4 输出的压缩空气可用于一般要求的气压传动系统，储气罐 7 输出的压缩空气可用于要求较高的气动系统（气动仪表及射流元件组成的控制回路等）。

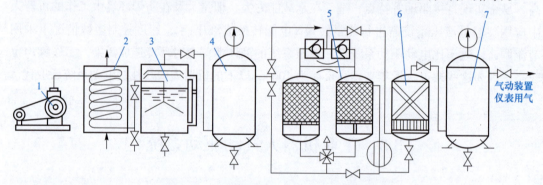

图 3-18　压缩空气站设备组成及布置示意

1—空气压缩机；2—后冷却器；3—油水分离器；4、7—储气罐；5—空气干燥器；6—过滤器

2. 空气过滤减压器

空气过滤减压器也称为调压阀，其由空气过滤器、减压阀和油雾器组成的，合称为气动三大件。减压阀是其中不可缺少的一部分，其能将较高的进口压力调节并降低到要求的出口压力，并能保证出口压力稳定，即起到减压和稳压作用。减压阀按压力调节方式分为直动式减压阀和先导式减压阀，前者用得最多；后者适用于较大通径的场合。

空气过滤减压器是最典型的附件（图 3-19）。它用于净化来自空气压缩机的压缩空气，并能把压力调整到所需的压力值，而且具有自动稳压的功能。空气过滤减压器是以力平衡原理动作的。当来自空气压缩机的空气输入空气过滤减压器的输入端后，进入过滤器气室 A。由于旋风盘 5 的作用，气流旋转并将空气中的水分分离出一部分，在壳体底部沉降下来。当气流经过过滤件 4 时，进行除水、除油、除尘，空气得到净化后输出。

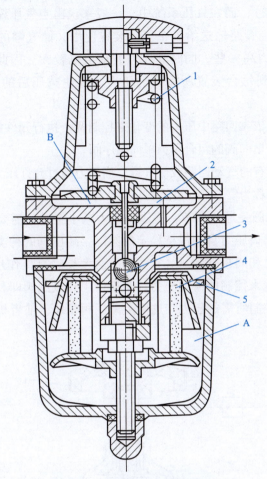

图 3-19　空气过滤减压器的结构

1—给定弹簧；2—膜片；3—球体阀瓣；4—过滤件；5—旋风盘；A、B—气室

当调节手轮按逆时针方向拧到不动时，空气过滤减压器没有输出压力，气路被球体阀瓣 3 切断。若按顺时针方向转动手轮，则活动弹簧座把给定弹簧 1 往下压，弹簧力通过膜片 2 把球体阀瓣打开，使气流经过球体阀瓣而流到输出管路。与此同时，气压通过反馈小孔进入反馈气室 B，压力作用在膜片上，将产生一个向上的力。若此力与给定弹簧所产生的力相等，则空气过滤减压器达到力平衡，输出压力就稳定下来。给定弹簧的作用力越大，输出的压力就越高。因此，调节手轮就可以调节给定值。

在安装空气过滤减压器时，必须按箭头方向或"输入""输出"方向，分别与管道连接。空气过滤减压器正常工作时，一般不需要特殊维护。使用半年之后检修一次。当过滤元件阻塞时，可将其拆下，放在 10% 的稀盐酸溶液中煮沸，用清水漂净，烘干之后继续使用。

3.3.2　气动控制元件

1. 压力控制阀

（1）压力控制阀的作用及分类。气压系统不同于液压系统，一般每一个液压系统都自带液压源（液压泵）；而在气压系统中，一般来说由空气压缩机先将空气压缩，储存在储气罐内，然后经管路输送给各个气动装置使用。储气罐的空气压力往往比各台设备实际所需要的压力高一些，同时其压力波动值也较大。因此，需要用减压阀（调压阀）将其压力减小到每台装置所需要的压力，并使减压后的压力稳定在所需压力值上。

有些气动回路需要依靠回路中压力的变化来控制两个执行元件的顺序动作，所用的阀就是顺序阀。顺序阀与单向阀的组合称为单向顺序阀。

为了安全起见，所有的气动回路或储气罐，当压力超过允许压力值时，需要自动向外排气，这种压力控制阀称为安全阀（溢流阀）。

（2）减压阀。减压阀是通过调节，将进口压力减小至某一需要的出口压力，并依靠介质本身的能量，使出口压力自动保持稳定的阀门。减压阀的种类很多，但大致可分为直接作用式（自力式）和间接作用式（它力式）两大类。直接作用式减压阀（图3-20）即利用介质本身的能量来控制所需的压力；间接作用式减压阀即利用外界的动力，如气压、液压或电气等来控制所需的压力。这两类减压阀相比，前者机构比较简单，后者精度较高。

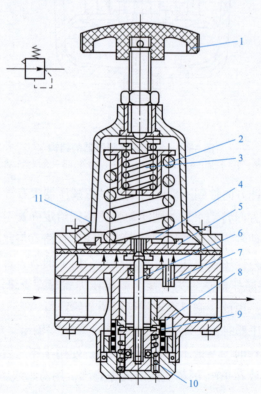

图3-20　直接作用式减压阀的结构

1—调节手柄；2、3—调压弹簧；4—溢流口；5—膜片；6—阀杆；7—阻尼管；
8—阀芯；9—阀座；10—复位弹簧；11—排气孔

当阀处于工作状态时，调节手柄1、调压弹簧2和3、膜片5通过阀杆6使阀芯8下移，进气阀口被打开，有压气流从左端输入，经阀口节流减压后从右端输出。输出气流的一部分由阻尼管 7 进入膜片气室，在膜片 5 的下方产生一个向上的推力，这个推力总是企图把阀口开度关小，使其输出压力下降，当作用于膜片上的推力与弹簧力相平衡后，减压阀的输出压力便保持一定。

当输入压力发生波动时，如输入压力瞬时升高，输出压力也随之升高，作用于膜片 5 上的气体推力也随之增大，破坏了原来力的平衡，使膜片 5 向上移动，有少量气体经溢流口 4、排气孔 11 排出。在膜片上移的同时，因为复位弹簧 10 的作用，使输出压力下降，直到达到新的平衡为止。重新平衡后的输出压力又基本恢复至原值。反之，输出压力瞬时下降，膜片下移，进气口开度增大，节流作用减小，输出压力又基本回升至原值。

调节手柄 1 使调压弹簧 2、3 恢复自由状态，输出压力降至零，阀芯 8 在复位弹簧 10 的作用下，关闭进气阀口。这样，减压阀便处于截止状态，无气流输出。

安装减压阀时，要按气流的方向和减压阀上所示的箭头方向，依照空气过滤器—减压阀—油雾器的次序进行安装。调压时应由低向高进行，直至达到规定的调压值为止。减压阀不用时应把手柄放松，以免膜片经常受压变形。

（3）顺序阀。顺序阀是依靠气路中压力的作用而控制执行元件按顺序动作的压力控制阀，它根据弹簧的预压缩量来控制其开启压力（图 3-21）。当输入压力达到或超过开启压力时，顶开弹簧，于是从 P 到 A 才有输出；反之，A 无输出。

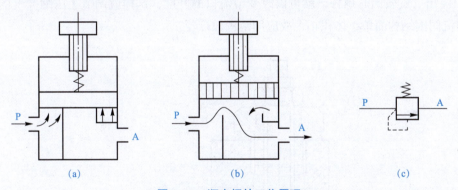

图 3-21　顺序阀的工作原理
（a）关闭状态；（b）开启状态；（c）图形符号

顺序阀很少单独使用，往往与单向阀配合在一起，构成单向顺序阀。图 3-22 所示为单向顺序阀的工作原理。当压缩空气由左端进入阀腔后，作用于活塞 3 上的力超过压缩弹簧 2 上的力时，将活塞顶起，压缩空气从 P 经 A 输出，如图 3-22（a）所示，此时单向阀 4 在压差力及弹簧力的作用下处于关闭状态。反向流动时，输入侧变成输出侧，输出侧压力将顶开单向阀 4 由 O 口排气，如图 3-22（b）所示。

调节旋钮就可改变单向顺序阀的开启压力，以便在不同的开启压力下控制执行元件的顺序动作。

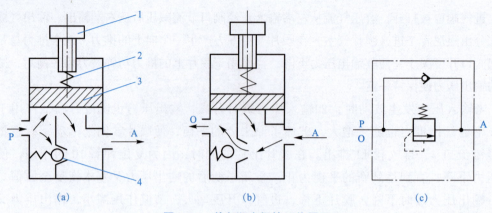

图 3-22 单向顺序阀的工作原理

（a）关闭状态；（b）开启状态；（c）图形符号

1—调节手柄；2—压缩弹簧；3—活塞；4—单向阀

2. 流量控制阀

在气压传动系统中，有时需要控制气缸的运动速度，有时需要控制换向阀的切换时间和气动信号的传递速度，这些都需要通过调节压缩空气的流量来实现。流量控制阀就是通过改变阀的通流截面面积来实现流量控制的元件。流量控制阀包括节流阀、单向节流阀、排气节流阀和快速排气阀等。

（1）节流阀。图 3-23 所示是节流阀的工作原理。压缩空气由 P 口进入，经过节流后，由 A 口流出。旋转阀芯螺杆，就可以改变节流口的开度，这样就调节了压缩空气的流量。这种节流阀因结构简单、体积小，故应用范围较广泛。

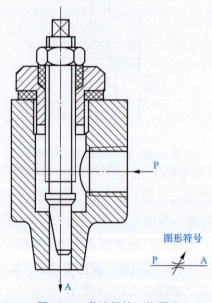

图形符号

图 3-23 节流阀的工作原理

（2）单向节流阀。单向节流阀是由单向阀和节流阀并联而成的组合式流量控制阀。当气流沿 P—A 方向流动时，如图 3-24（a）所示，气流经过节流阀节流；如图 3-24（b）所示，气流沿反方向 A—P 方向流动时，单向阀打开，不节流。单向节流阀常用于气缸的调速和延时回路。

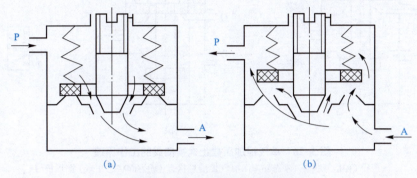

图 3-24　单向节流阀的工作原理

(a) P—A 方向（节流）；(b) A—P 方向（不节流）

（3）排气节流阀。排气节流阀是装在执行元件的排气口处，调节进入大气中气体流量的一种控制阀。它不仅能调节执行元件的运动速度，还常带有消声器件，能起到降低排气噪声的作用。排气节流阀的工作原理和节流阀类似，通过调节节流口 1 处的通流截面面积来调节排气流量，由消声套 2 来减小排气噪声，如图 3-25 所示。

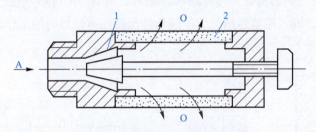

图 3-25　排气节流阀的工作原理

1—节流口；2—消声套

3. 方向控制阀

方向控制阀是气压传动系统中通过改变压缩空气的流动方向和气流的通断，来控制执行元件启动、停止及运动方向的气动元件。根据方向控制阀的功能、控制方式、结构方式、阀内气流的方向及密封形式等，方向控制阀可以分为以下 5 类。

（1）气压控制换向阀。气压控制换向阀是以压缩空气为动力切换气阀，使气路换向或通断的阀类。气压控制换向阀的用途很广，多用于组成全气阀控制的气压传动系统或易燃、易爆、高净化等场合。

1）单气控加压式换向阀。图 3-26 所示为单气控加压截止式换向阀的工作原理。图 3-26（a）所示为无气控信号状态（常态），此时，阀芯在弹簧的作用下处于上端位置，使阀口 A 与 O 相通，A 口排气。图 3-26（b）所示为有气控信号状态（动力阀状态）。由于气压力的作用，阀芯压缩弹簧下移，使阀口 A 与 O 断开，P 与 A 接通，A 口有气体输出。图 3-26（c）所示为该阀的图形符号。

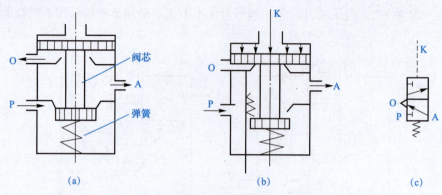

图 3-26 单气控加压截止式换向阀的工作原理
(a) 无气控信号状态（常态）；(b) 有气控信号状态（动力阀状态）；(c) 图形符号

图 3-27 所示是二位三通单气控截止式换向阀结构图。单气控截止式换向阀的结构简单、紧凑、密封可靠、换向行程短，但换向力大。若将气控接头换成电磁头（电磁先导阀），可变气控阀为先导式电磁换向阀。

2）双气控加压式换向阀。图 3-28（a）所示为有气控信号状态（K_2），此时，阀停在左边，其通路状态是 P 与 A，B 与 O_2 相通。图 3-28（b）所示为有气控信号状态（K_1），此时信号 K_2 已不存在，阀芯换位，其通路状态变为 P 与 B，A 与 O_1 相通。双气控加压式换向阀具有记忆功能，即气控信号消失后，阀仍能保持在有信号时的工作状态。图 3-28（c）所示为该阀的图形符号。

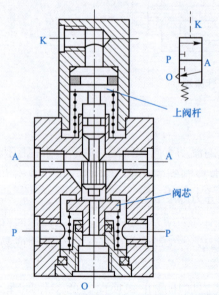

图 3-27 二位三通单气控截止式换向阀结构

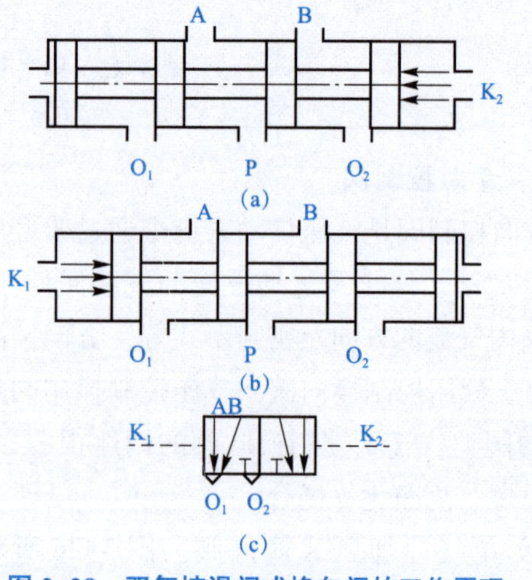

图 3-28 双气控滑阀式换向阀的工作原理
(a) 有气控信号状态（K_2）；(b) 有气控信号状态（K_1）；(c) 图形符号

（2）电磁控制换向阀。电磁控制换向阀利用电磁力的作用来实现阀的切换，以控制气流的流动方向。常用的电磁控制换向阀有直动式和先导式两种。

（3）机械控制换向阀。机械控制换向阀又称为行程阀，多用于行程程序控制，作为信号阀使用。它常依靠凸轮、挡块或其他机械外力推动阀芯，使阀换向。

（4）人力控制换向阀。人力控制换向阀有手动及脚踏两种操纵方式。手动阀的主体部分与气控阀类似，其操纵方式有多种，如按钮式、旋钮式、锁式及推拉式等。

（5）时间控制换向阀。时间控制换向阀是使气流通过气阻（如小孔、缝隙等）节流后到气容（储气空间）中，经一定的时间先使气容内建立起一定的压力后，使阀芯换向的阀类。在不允许使用时间继电器（电控制）的场合（易燃、易爆、粉尘大等），用气动时间控制就显出其优越性。

3.3.3 气动执行元件

1. 气缸

气缸是气动系统的执行元件之一。除几种特殊气缸外，普通气缸的种类及结构形式与液压缸基本相同。目前最常用的是标准气缸，其结构和参数都已系列化、标准化和通用化。标准气缸通常有无缓冲普通气缸和有缓冲普通气缸等。较为典型的特殊气缸有气液阻尼缸、薄膜式气缸和冲击式气缸等。

（1）气液阻尼缸。普通气缸工作时，由于气体具有压缩性，当外部荷载变化较大时，会产生"爬行"或"自走"问题，使气缸的工作不稳定。为了使气缸运动平稳，普遍采用气液阻尼缸。

气液阻尼缸中一般将双活塞杆缸作为液压缸，因为这样可使液压缸两腔的排油量相等，此时油箱内的油液只用来补充因液压缸泄漏而减少的油量，一般用油杯就可以了。

（2）薄膜式气缸。薄膜式气缸是一种利用压缩空气通过膜片推动活塞杆做往复直线运动的气缸。它由缸体、膜片、膜盘和活塞杆等主要零件组成。其功能类似活塞式气缸，分单作用式和双作用式两种，如图 3-29 所示。薄膜式气缸的膜片可以做成盘形膜片和平膜片两种形式。膜片材料为夹织物橡胶、钢片或磷青铜片，常用的是夹织物橡胶，橡胶的厚度为 5 ～ 6 mm，有时也可为 1 ～ 3 mm。金属式膜片只用在行程较小的薄膜式气缸中。

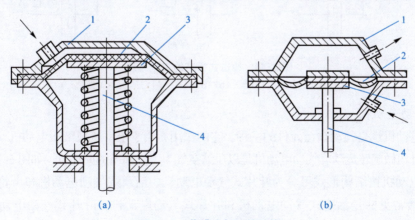

(a)　　　　　　　　　　　　(b)

图 3-29　薄膜式气缸的结构

(a) 单作用式；(b) 双作用式

1—缸体；2—膜片；3—膜盘；4—活塞杆

与活塞式气缸相比，薄膜式气缸具有结构简单、紧凑、制造容易、成本低、维修方便、寿命长、泄漏小、效率高等优点。但是，薄膜式气缸的膜片的变形量有限，故其行程短（一般为 40 ～ 50 mm），且气缸活塞杆上的输出力随着行程的加大而减小。

（3）冲击式气缸。冲击式气缸是一种体积小、结构简单、易于制造、耗气功率小但能产生相当大的冲击力的特殊气缸。与普通气缸相比，冲击式气缸的结构特点是增加了一个具有一定容积的蓄能腔和喷嘴。

冲击式气缸的整个工作过程可简单地划分为以下 3 个阶段。

1）压缩空气由孔 A 输入冲击缸的下腔，蓄气缸经孔 B 排气，活塞上升并用密封垫封住喷嘴，中盖和活塞间的环形空间经排气孔与大气相通，如图 3-30（a）所示。

2）压缩空气改由孔 B 进气，压缩空气进入蓄气缸、冲击缸下腔，经孔 A 排气。由于活塞上端气压作用在面积较小的喷嘴上，而活塞下端受力面积较大（一般设计成喷嘴面积的 9 倍），冲击缸下腔的压力虽因排气而下降，但此时活塞下端向上的作用力仍然大于活塞上端向下的作用力，如图 3-30（b）所示。

3）蓄气缸的压力继续增大，冲击缸下腔的压力继续降低，当蓄气缸内的压力高于冲击缸下腔压力的 9 倍时，活塞开始向下移动。活塞一旦离开喷嘴，蓄气缸内的高压气体迅速充入活塞与中盖间的空间，使活塞上端受力面积突然增加 9 倍，于是活塞将以极大的加速度向下运动，气体的压力能转换成活塞的动能。在冲程达到一定时，获得最大冲击速度和能量，对工件做功，产生很大的冲击力，如图 3-30（c）所示。

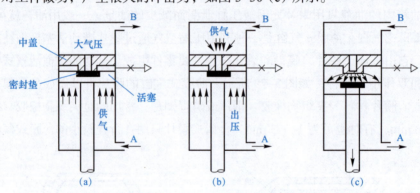

图 3-30　冲击式气缸的工作原理
（a）AD 进气，BD 排气；（b）BD 进气，AD 排气；（c）做功

2. 气动电动机

气动电动机也是气动执行元件的一种。它的作用相当于电动机或液压电动机，即输出转矩，拖动机构做旋转运动。气动电动机是以压缩空气为工作介质的原动机，如图 3-31 所示。

气动电动机按结构形式可分为叶片式气动电动机、活塞式气动电动机和齿轮式气动电动机等。最常见的是活塞式气动电动机和叶片式气动电动机。叶片式气动电动机制造简单，结构紧凑，但低速运动转矩小，低速性能不好，适用于中、低功率的机械。活塞式气动电动机在低速情况下有较大的输出功率，它的低速性能好，适用于荷载较大和要求低速转矩的机械，如起重机、绞车、绞盘、拉管机等。

图 3-31　气动电动机

气动电动机主要有以下特点：

（1）工作安全，不受振动、高温、电磁、辐射等影响，适用于恶劣的工作环境，在易燃、易爆、高温、振动、潮湿、粉尘等不利条件下均能正常工作。

（2）有过载保护作用，不会因过载而发生故障。过载时，气动电动机只是转速降低或停止，当过载解除后，即可重新正常运转，并不产生机件损坏等故障。气动电动机可以长时间满载连续运转，温升较小。

（3）具有较高的启动转矩，可以直接带荷载启动。启动、停止均迅速。

（4）功率范围及转速范围较宽。功率小至几百瓦，大至几万瓦；转速可从零一直到每分钟几万转。

（5）操纵方便，维护检修较容易。气动电动机具有结构简单、体积小、质量轻、功率大、操纵容易、维护方便等优点。

（6）使用空气作为介质，无供应上的困难，用过的空气不需处理，释放到大气中无污染。压缩空气可以集中供气和远距离输送。

（7）输出功率相对较小，最大只有 20 kW。

（8）耗气量大，效率低，噪声大。

气动驱动系统具有速度快、系统结构简单、维修方便、价格低等特点，适于在中、小负荷的机器人中采用。但因难于实现伺服控制，多用于程序控制的机器人中，如在上、下料和冲压机器人中应用较多。

实践任务　工业机器人常见驱动装置辨识

任务目标

（1）辨识了解各类驱动装置的类型及其功能。
（2）寻找某工业机器人的驱动装置，说明名称及作用。

任务描述

学完本项目内容之后，教师可以带领学生走进学校的工业机器人实训室或校外企业实训基地。教师首先对学校的工业机器人实训室或校外企业实训基地的设备进行简要介绍，并说明进入场地的任务要求，还要特别强调安全注意事项，要求学生分小组辨识各类驱动装置并说明其应用范围。

任务准备

1. 小组分工

根据班级规模将学生分成若干个小组，每组以 5 ~ 6 人为宜，并事先讨论推荐 1 人为小组长，负责制订本组工作的计划并组织实施及讨论汇总和统一协调；选出 1 人对本小组工作情况进行汇报交流。每组填写本小组成员的分工安排表（表 3-1）。

表 3-1　本小组成员的分工安排表

小组长	汇报人	成员 1	成员 2	成员 3	成员 4

2. 工量具、文具、材料准备

根据工作任务需求，每个小组需要准备工量具、文具、材料等，凡属借用实训室的，在完成工作任务后应该及时归还。工作任务准备清单见表 3-2。

表 3-2　工作任务准备清单

序号	名称	规格型号	单位	数量	是否自备	申领（借用人）

任务计划（决策）

根据小组讨论内容，以框图的形式展示并说明观察工业机器人各类驱动装置的顺序，将观察驱动装置的顺序绘制在下面的框内。

观察顺序：

任务实施

1. 查询各种类型驱动装置

根据教师提供的各种类型驱动装置，结合所学知识，通过查询文献、网络搜索等方法收集这些驱动装置的信息，将它们的类型、基本原理、特点及适用范围填入表 3-3。

表 3-3　驱动装置信息

名称	类型	基本原理	特点	适用范围

2. 观察工业机器人各类驱动装置的作用

将观察到的工业机器人上驱动装置的作用填入表 3-4。

表 3-4　工业机器人上驱动装置的作用

序号	驱动装置名称	作用

任务检查（评价）

（1）各小组汇报人进行任务完成情况展示，并说明过程。

（2）小组其他人员补充。

（3）其他小组成员提出建议。

（4）填写评价表。任务检查评价见表 3-5。

表 3-5　任务检查评价

小组名称：				小组成员：			
评价项目	评价指标	权重	小组自评	组间互评	教师评价	得分
职业素养	1. 遵守实训室规章制度； 2. 按时完成工作任务； 3. 积极主动地承担工作任务； 4. 注意人身安全和设备安全； 5. 遵守"6S"规则； 6. 发挥团队协作精神，专心、精益求精	30				

评价项目	评价指标	权重	小组自评	组间互评	教师评价	得分
专业能力	1. 工作准备充分； 2. 说明驱动装置正确、齐全； 3. 说明驱动装置作用完整、正确	50				
创新能力	1. 方案计划可行性强； 2. 提出自己的独到见解及其他创新	20				
合计	100					
评价意见						

任务拓展

通过文献、网络资源搜寻某生产线上工业机器人，并绘图说明该生产线上驱动装置的种类及作用。

思考练习题

一、填空题

1. 工业机器人的驱动器有三类：_____、_____、_____。

2. 工业机器人电动伺服系统的结构一般为 3 个闭环控制，即_____、_____和_____。

3. 常用的电磁控制换向阀有_____和_____两种。

二、选择题

1. 步进电动机、直流伺服电动机、交流伺服电动机的英文字母表示依次为（　　）。

　　A. SM、DM、AC　　　　　　　　　　B. SM、DC、AC

　　C. SM、AC、DC　　　　　　　　　　D. SC、AC、DC

2. 电动机的定子上有 6 个均匀分布的磁极，其夹角是（　　）。

　　A. 15°　　　　　　B. 30°　　　　　　C. 45°　　　　　　D. 60°

3. 物料搬运（包括上、下料）、冲压用的有限点位控制的程序控制机器人，低速重负载的选用（　　）。

　　A. 液压驱动系统　　B. 电动驱动系统　　C. 气动驱动系统

三、判断题

1. 无论是直线液压缸还是旋转液压电动机，它们的工作原理都是基于高压油对活塞或叶片的作用。　　　　　　　　　　　　　　　　　　　　　　　　（　　）

2. 滑阀式换向阀是靠阀芯在阀体内做轴向运动，使相应的油路接通或断开的换向阀。　　　　　　　　　　　　　　　　　　　　　　　　　　　　　　（　　）

3．气动驱动式的工作原理与液压驱动式相同，靠压缩空气来推动气缸运动进而带动元件运动。 （　　）

4．气动驱动系统具有载重大、速度快、系统结构简单、维修方便、价格低等特点。 （　　）

四、简答题

图 3-32 所示的液压回路由哪几部分构成？简述其工作原理。

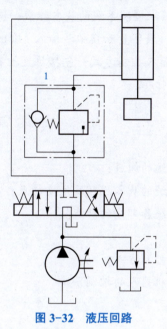

图 3-32　液压回路

项目 4　工业机器人的控制系统

【项目介绍】

本项目主要介绍了工业机器人控制系统的基本组成，包括控制计算机、示教器、操作面板、传感器接口、磁盘存储、数字量和模拟量输入 / 输出等；工业机器人控制系统的基本原理及其主要特点；工业机器人控制方式，包括位置控制方式、速度控制方式、力（力矩）控制方式及示教—再现控制方式。

【学习目标】

知识目标

1. 掌握工业机器人控制系统的组成；
2. 了解工业机器人控制系统的基本原理及主要特点；
3. 掌握工业机器人控制系统各部分的功能。

能力目标

1. 能够分析工业机器人的控制方式；
2. 能够独立分析典型工业机器人的控制系统。

素质目标

1. 遵守实训室规章制度；
2. 按时完成工作任务；
3. 积极主动地承担工作任务；
4. 注意人身安全和设备安全；
5. 遵守"6S"规则；
6. 发挥团队协作精神，专心、精益求精。

【知识链接】

4.1　工业机器人控制系统概述

机器人的结构是一个空间开链机构，其各个关节的运动是独立的，为了实现末端点的运动轨迹，需要多关节的运动协调。因此，其控制系统与普通的控制系统相比要复杂得多。通过本节内容的学习，可以掌握工业机器人控制系统的基本组成及其工作原理。

4.1.1 工业机器人控制系统的基本组成

1. 工业机器人信号控制系统的基本组成

工业机器人信号控制系统的基本组成如图 4-1 所示。

工业机器人控制系统的基本组成

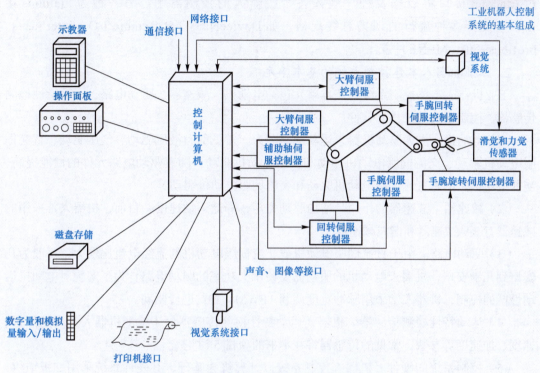

图 4-1 工业机器人信号控制系统的基本组成

各部分的功能与作用介绍如下:

(1)控制计算机。它是工业机器人控制系统的调度指挥机构,一般为微型机、微处理器(有 32 位、64 位)等,如奔腾系列 CPU 及其他类型 CPU。

(2)示教器。它主要用来示教机器人的工作轨迹和参数设定,以及所有人机交互操作,拥有自己独立的 CPU 及存储单元,与主计算机之间以串行通信方式实现信息交换。

(3)操作面板。它由各种操作按键、状态指示灯构成,只完成基本的功能操作。

(4)磁盘存储。它是用来存储机器人工作程序的外围存储器。

(5)数字量和模拟量输入 / 输出。它主要用于各种状态和控制命令的输入或输出。

(6)打印机接口。它主要用来记录需要输出的各种信息。

(7)传感器接口。它主要用于信息的自动检测,实现机器人的柔顺控制,一般为力觉、触觉和视觉传感器。

(8)轴控制器。它主要用来完成机器人各关节位置、速度和加速度的控制。

(9)辅助设备控制。它主要用于和机器人配合的辅助设备控制,如手爪变位器等。

(10)通信接口。它主要用来实现机器人和其他设备的信息交换,一般有串行接口、并行接口等。

（11）网络接口。网络接口可分成两种：一种为 Ethernet 接口，可通过以太网实现数台或单台机器人的直接 PC（个人计算机）通信，数据传输速率高达 10 Mbit/s，可直接在 PC 上用 Windows 库函数进行应用程序编程之后，支持 TCP/IP 通信协议，通过 Ethernet 接口将数据及程序装入各个机器人的控制器中；另一种为 Fieldbus 接口，它支持多种流行的现场总线规格，如 DeviceNet、AB Remote I/O、Interbus-s、profibus-DP、M-NET 等。

2. 工业机器人本体控制系统的基本单元

工业机器人本体控制系统的基本单元包括电动机、减速器、驱动电路、运动特性检测传感器、控制系统的硬件和软件。

（1）电动机。作为驱动机器人运动的驱动力，常见的有液压驱动、气压驱动、直流伺服电动机驱动、交流伺服电动机驱动和步进电动机驱动。随着驱动电路元件的性能提高，当前应用最多的是直流伺服电动机驱动和交流伺服电动机驱动。

（2）减速器。减速器的作用是增加驱动力矩，降低运动速度。目前，机器人常采用的减速器有 RV 减速器和谐波减速器。

（3）驱动电路。由于直流伺服电动机或交流伺服电动机的流经电流比较大，一般为几安培到几十安培，机器人电动机的驱动需要使用大功率的驱动电路，为了实现对电动机运动性能的控制，机器人常采用脉冲宽度调制（PWM）方式进行驱动。

（4）运动特性检测传感器。机器人运动特性检测传感器用于检测机器人运动的位置、速度、加速度等参数，常见的传感器将在本书的项目 5 讨论。

（5）控制系统的硬件。机器人控制系统以计算机为基础，其硬件系统采用二级结构，第一级为协调级，第二级为执行级。协调级实现对机器人各个关节的运动功能、机器人和外界环境的信息交换功能等；执行级实现机器人各关节的伺服控制功能、获得机器人内部运动状态参数功能等。

（6）控制系统的软件。机器人控制系统软件实现对机器人运动特性的计算、机器人的智能控制和机器人与人的信息交换等功能。

4.1.2 工业机器人控制系统的基本原理

机器人控制系统可以分成 4 部分：机器人及其感知器、环境、任务、控制器。机器人是由各种机构组成的装置，它通过感知器实现本体和环境状态的检测及信息互换，也是控制的最终目标；环境是指机器人所处的周围环境，包括几何条件、相对位置等，如工件的形状、位置、障碍物、焊接的几何偏差等；任务是指机器人要完成的操作，它用适当的程序语言来描述，并把程序语言存入控制器，随着系统的不同，任务的输入可能是程序方式、文字方式、图形方式或声音方式等；控制器包括软件和硬件两大部分，相当于人的大脑，它是以计算机或专用控制器运行程序的方式来完成给定任务的。为实现具体作业的运动控制，还需要相应地使用机器人语言开发用户程序。

为使工业机器人能够按照要求完成特定的作业任务，其控制系统需完成以下 4 个过程。

1．示教过程

通过工业机器人计算机系统可以接受的方式，告诉工业机器人去做什么，给工业机器人下达作业命令。

2．计算与控制过程

计算与控制过程负责工业机器人整个系统的管理、信息的获取与处理、控制策略的定制及作业轨迹的规划。这是工业机器人控制系统的核心部分。

3．伺服驱动过程

根据不同的控制算法，将工业机器人的控制策略转化为驱动信号、驱动伺服电动机等部分，实现工业机器人的高速、高精度运动，以便完成指定的作业。

4．传感与检测过程

通过传感器的反馈，保证工业机器人能正确地完成指定作业，同时也将各种姿态信息反馈到工业机器人控制系统中，以便实时监控机器人整个系统的运行情况。

要想工业机器人顺畅地完成以上控制过程，对工业机器人的控制系统就会提出一些具体要求，即要求其具备一定的基本功能。

（1）记忆功能。记忆功能是指存储作业顺序、运动路径、运动方式、运动速度和与生产工艺有关的信息。

（2）示教功能。示教功能是指离线编程、在线示教和间接示教。在线示教包括示教器示教和导引示教两种。

（3）与外围设备联系功能。此功能需要的接口有输入和输出接口、通信接口、网络接口和同步接口。

（4）坐标设置功能。此功能能够设置关节坐标系、绝对坐标系、工具坐标系、用户自定义坐标系四种坐标系。

（5）人机接口。人机接口具有示教器接口、操作面板接口及显示屏接口。

（6）传感器接口。传感器接口具有位置传感器接口、视觉传感器接口、触觉传感器接口、力觉传感器接口等。

（7）位置伺服功能。此功能包括机器人多轴联动、运动控制、速度和加速度控制、动态补偿等。

4.1.3　工业机器人控制系统的主要特点

工业机器人控制系统的基本原理及其主要特点

工业机器人控制系统以机器人的单轴或多轴协调运动为控制目的，与一般伺服控制系统或过程控制系统相比，其具有如下特点：

（1）一个简单的机器人要有3个以上自由度，比较复杂的机器人有十几个，甚至有几十个自由度。每个自由度一般包含一个伺服机构，它们必须协调起来，组成一个多变量控制系统。

（2）传统的自动机械以自身的动作为控制重点，而工业机器人控制系统更看重机器人本身与操作对象的相互关系。例如，无论以多高的精度去控制机器人手臂，机器人手臂都首先要保证能够稳定夹持物体并顺畅操作该物体到达目标位置。

（3）工业机器人的状态和运动的数学模型是一个非线性模型，因此，控制系统本质上是一个非线性系统，仅仅用位置闭环是不够的，还要利用速度闭环，甚至加速度闭环。例如，机器人的结构、所用传动件、驱动件等都会引起系统的非线性。

（4）工业机器人通常是由多关节组成的一种结构体系，其控制系统因而也是一个多变量的控制系统。机器人各关节间具有耦合作用，具体表现为某一个关节的运动会对其他关节产生动力效应，即每一个关节都会受到其他关节运动所产生扰动的影响。

（5）工业机器人控制系统是一个时变系统，其动力学参数会随着机器人关节运动位置的变化而变化。

4.2 工业机器人控制方式

根据分类方法的不同，工业机器人的控制方式也有所不同。从总体上看，工业机器人的控制方式可以分为动作控制方式和示教控制方式；但若按被控对象来分，工业机器人的控制方式通常分为位置控制方式、速度控制方式、力（力矩）控制方式、力和位置混合控制方式等。工业机器人控制方式如图 4-2 所示。通过本节内容的学习，可以掌握工业机器人不同控制方式的工作原理及其特点。

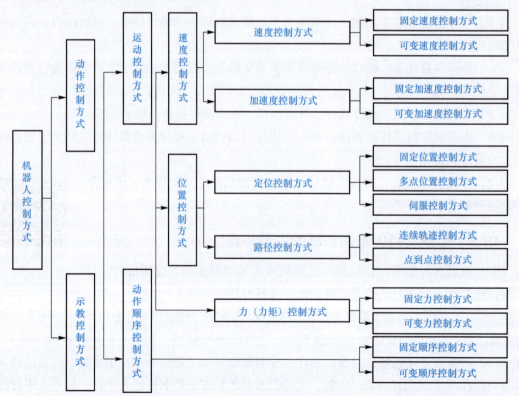

图 4-2 工业机器人控制方式

4.2.1 工业机器人的位置控制方式

工业机器人的位置控制方式可分为点到点（Point To Point，PTP）控制和连续轨迹（Continuous Path，CP）控制两种方式，如图 4-3 所示。其目的是使机器人各关节实现预先规划的运动，保证工业机器人的末端执行器能够沿预定的轨迹可靠运动。

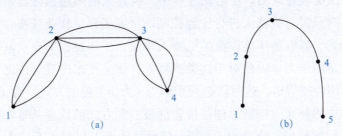

工业机器人控制
方式的认知

图 4-3　工业机器人的点到点控制与连续轨迹控制方式
(a) PTP 控制方式；(b) CP 控制方式

1. PTP 控制方式

PTP 控制方式的特点是只控制工业机器人末端执行器在作业空间中某些规定的离散点上的位姿。控制时只要求工业机器人快速、准确地实现相邻各点之间的运动，而对到达目标点的运动轨迹不做任何规定。这种控制方式的主要技术指标是定位精度和运动所需的时间。由于其控制方式易于实现、定位精度要求不高等特点，因而常被应用在上下料、搬运、点焊和在电路板上安插元件等只要求目标点处保持末端执行器位姿准确的作业中。

2. CP 控制方式

CP 控制方式的特点是连续地控制工业机器人末端执行器在作业空间中的位姿，要求其严格按照预定的轨迹和速度在一定的精度范围内运动，而且速度可控、轨迹光滑、运动平稳，以完成作业任务。工业机器人各关节连续、同步地进行相应的运动，其末端执行器即可形成连续的轨迹。这种控制方式的主要技术指标是工业机器人末端执行器位姿的轨迹跟踪精度及平稳性。通常弧焊、喷漆、去毛边和检测作业机器人都采用这种控制方式。

4.2.2 工业机器人的速度控制方式

工业机器人在进行位置控制的同时，有时候还需要进行速度控制，使机器人按照给定的指令，控制运动部件的速度，实现加速、减速等一系列转换，以满足运动平稳、定位准确等要求。这就如同人的抓举过程，要经历宽拉、高抓、支撑、抓举等一系列动作一样，不可一蹴而就，从而以最精简省力的方式，将目标物平稳、快速地托举至指定位置。为了实现这一要求，机器人的行程要遵循一定的速度变化曲线。图 4-4 所示为机

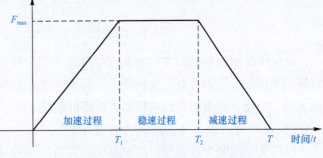

图 4-4　机器人行程的速度 - 时间曲线

器人行程的速度 – 时间曲线。

4.2.3 工业机器人的力（力矩）控制方式

对于从事喷涂、点焊、搬运等作业的工业机器人，一般只要求其末端执行器（焊枪、手爪等）沿某一预定轨迹运动。在运动过程中，机器人的末端执行器始终不与外界任何物体相接触，这时只需对机器人进行位置控制即可完成预定作业任务。而对那些应用于装配、加工、抛光、抓取物体等作业的机器人来说，工作过程中要求其手爪与作业对象接触，并保持一定的压力。因此对于这类机器人，除了要求准确定位之外，还要求控制机器人手部的作用力或力矩，这时就必须采取力（力矩）控制方式。力（力矩）控制方式是对位置控制方式的补充，控制原理与位置伺服控制方式的原理基本相同，只不过输入量和反馈量不是位置信号，而是力（力矩）信号，因此，机器人系统中必须装有力觉传感器。

在工业机器人领域，比较常用的机器人的力（力矩）控制方法有阻抗控制、位置/力混合控制、柔顺控制和刚性控制 4 种。力（力矩）控制方式的最佳方案是以独立的形式同时控制力和位置，通常采用位置/力混合控制。工业机器人要想实现可靠的力（力矩）控制方式，需要有力觉传感器的机器人，大多情况下使用六维（3 个力、3 个力矩）力觉传感器。由此就有如下 3 种力控制系统组成方案。

1. 以位移控制为基础的力控制系统

以位移控制为基础的力控制系统，是在位置闭环之外再加上一个力的闭环。在这种控制方式中，力觉传感器检测输出力，并与设定的力目标值进行比较，力值的误差经过力/位移变化环节转换成目标位移，参与位移控制。这种控制方式构成的控制系统框图如图 4-5 所示。

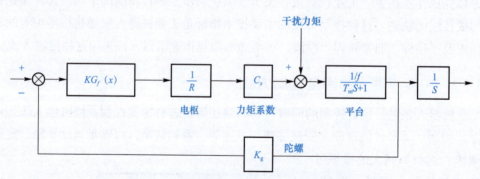

图 4-5　以位移控制为基础的力控制系统框图

以位移控制为基础的力控制系统很难使力和位移全部得到令人满意的结果，在采用这种控制系统时，要设计好工业机器人手部的刚度，如果刚度过大，微小的位移都可能导致很大的力变化，严重时会造成机器人手部的破坏。

2. 以广义力控制为基础的力控制系统

以广义力控制为基础的力控制系统是在力闭环的基础上再加上位置闭环。通过传感器检测机器人手部的位移，经过位移／力变化环节转换为人力，将其与力的设定值合成之后作为力控制的给定量。这种控制系统的特点在于可以避免小的位移变化引起过大的力变化，对机器人手部具有保护作用。

3. 以位控为基础的位置／力混合控制系统

工业机器人在从事装配、抛光、轮廓跟踪等作业时，要求其末端执行器与工件之间保持接触。为了成功进行这些作业，必须使机器人具备同时控制其末端执行器和接触力的能力。目前，正在使用的大多数工业机器人基本上是一种刚性的位置伺服机构，具有很高的位置跟踪精度，但它们一般不具备力控制能力，缺乏对外部作用力的柔顺性，这一点极大地限制了工业机器人的应用范围。因此，研究适用于位控机器人的力控制方法具有很高的实用价值。以位控为基础的位置／力混合控制系统的基本思想是当工业机器人的末端执行器与工件发生接触时，其末端执行器的坐标空间可以分解成对应于位控方向和力控方向的两个正交子空间，通过在相应的子空间分别进行位置控制和接触力控制以达到柔顺运动的目的。这是一种直观而概念清晰的方法。但由于控制的成功与否取决于对任务的精确分解和基于该分解的控制器结构的正确切换，因此位置／力混合控制系统必须对环境约束做到精确建模，而对未知约束环境无能为力。

4.2.4　工业机器人的示教—再现控制方式

示教—再现（Teaching-Playback）控制方式是工业机器人的一种主流控制方式。为了使工业机器人完成某种作业，首先由操作者对机器人进行示教，即教机器人如何去做。在示教过程中，机器人将作业时的运动顺序、位置、速度等信息存储起来，在执行生产任务时，机器人可以根据这些存储的信息再现示教的动作。

示教分为直接示教和间接示教两种，具体介绍如下。

1. 直接示教

直接示教方式是指操作者使用安装在工业机器人手臂末端的操作杆（Joystick），按给定运动顺序示教动作内容，机器人自动把作业时的运动顺序、位置和时间等数值记录在存储器中，生产时再依次读出存储的信息，重复示教的动作过程。采用这种方式通常只能对位置和作业指令进行示教，而运动速度需要通过其他方法来确定。

2. 间接示教

间接示教方式是指采用示教器进行示教，操作者先通过示教器上的按键操纵完成空间作业轨迹点及有关速度等信息的示教，然后通过操作盘用机器人语言进行用户工作程序的编辑，并存储在示教数据区。再现时，控制系统自动逐条取出示教命令与位置数据进行解读、运算并做出判断，将各种控制信号送到相应的驱动系统或端口，使机器人忠实地再现示教动作。采用示教——再现控制方式时不要进行矩阵的逆变换，其中也不存在绝对位置控制精度的问题。该方式是一种适用性很强的控制方式，但是需由操作者进行手工示教，要花费大量的精力和时间。特别是在因产品变更导致生产线变化时，要进行的示教工作十分繁重。现在人们通常采用离线示教法（Off-line Teaching），即脱离实际作业环境生成示教数据，间接地对机器人进行示教，而不用面对实际作业的机器人直接进行示教。

4.3 工业机器人控制系统的体系架构

机器人控制系统按其控制方式可分集中式控制系统、主从控制系统、分散式控制系统 3 大类。通过本节内容的学习，可以掌握 3 类控制系统的基本组成及其优缺点。

工业机器人控制
系统的体系架构

4.3.1 集中式控制系统

集中式控制系统（Centralized Control System，CCS）利用一台微型计算机实现机器人系统的全部控制功能，在早期的工业机器人中常采用这种控制系统架构。在基于 PC 的集中式控制系统中，充分利用了 PC 资源开放性的特点，可以实现很好的开放性，即多种控制卡、传感器设备等都可以通过标准 PCI 插槽或通过标准串口、并口集成到控制系统中，使用起来十分方便。多关节机器人集中式控制系统结构如图 4-6 所示。

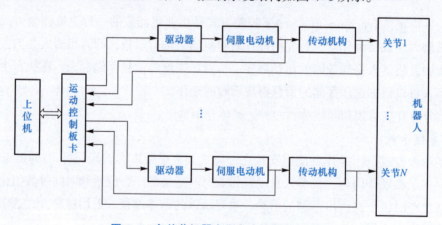

图 4-6 多关节机器人集中式控制系统结构

集中式控制系统的优点：一是硬件成本较低；二是便于信息的采集和分析，易于实现系统的最优控制；三是整体性与协调性较好，而且基于 PC 的系统硬件扩展较方便。但其缺点也显而易见，如系统控制缺乏灵活性，容易导致控制危险集中且放大，一旦出现故障，影响面广，后果严重；由于工业机器人的实时性要求很高，当系统进行大量数据计算时，会降低系统的实时性，系统对多任务的响应能力也会与系统的实时性相冲突；系线连线比较复杂，也容易降低控制系统的可靠性。

4.3.2 主从控制系统

主从控制系统采用主、从两级处理器实现系统的全部控制功能。主 CPU 实现管理、坐标变换、轨迹生成和系统自诊断等；从 CPU 实现所有关节的动作控制。主从控制系统实时性较好，适于高精度、高速度控制，但其系统扩展性较差，维修困难。机器人主从控制系统结构如图 4-7 所示。

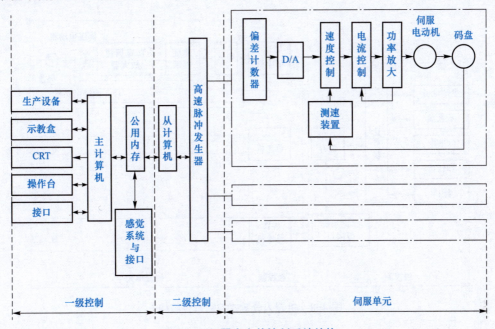

图 4-7　机器人主从控制系统结构

4.3.3　分散式控制系统

分散式控制系统按系统的性质和方式分成几个模块，每一个模块各有不同的控制任务和控制策略，各模式之间可以是主从关系，也可以是平等关系。分散式控制系统又称为集散式控制系统或 DCS 系统。这种控制系统实时性好，易于实现高速、高精度控制，易于扩展，可实现智能控制，是目前流行的控制系统，其控制系统结构如图 4-8 所示。其主要思想是"分散控制，集中管理"，即系统对其总体目标和任务可以进行综合协调和分配，并通过子系统的协调工作来完成控制任务，整个系统在功能、逻辑和物理等方面都是分散的。在这种结构中，子系统是由控制器和不同被控对象或设备构成的，各个子系统之间通过网络等相互通信。分散式控制系统结构提供了一个开放、实时、精确的机器人控制系统。分散式控制系统中常采用两级控制方式。

两级分散式控制系统通常由上位机、下位机和网络组成。上位机可以进行不同的轨迹规划和控制算法，下位机进行插补细分、控制优化等研究和实现。上位机和下位机通过通信总线相互协调工作，这里的通信总线可以是 RS-232、RS-485、EEE-488 及 USB 总线等形式。现在，以太网和现场总线技术的发展为机器人提供了更快速、稳定、有效的通信服务。尤其是现场总线，它应用于生产现场，在计算机化测量控制设备之间实现双向多节点数字通信，从而形成了新型的网络集成式全分散式控制系统——现场总线控制系统（Filedbus Control System，FCS）。在工厂生产网络中，将可以通过现场总线连接的设备统

称为现场设备 / 仪表。从系统论的角度来说，工业机器人作为工厂的生产设备之一，也可以归纳为现场设备。在机器人系统中引入现场总线技术后，更有利于机器人在工业生产环境中的集成。

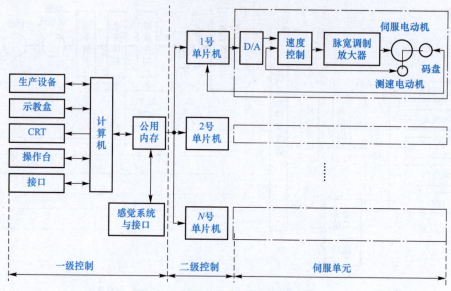

图 4-8　机器人分散式控制系统结构

分散式控制系统的优点：系统灵活性好，控制系统的危险性降低，采用多处理器的分散式控制，有利于系统功能的并行执行，提高系统的处理效率，缩短响应时间。

对于具有多自由度的工业机器人而言，集中式控制对各个控制轴之间的耦合关系处理得很好，可以很简单地进行补偿。但是，当轴的数量增加到使控制算法变得很复杂时，其控制性能会恶化。而且，当系统中轴的数量或控制算法变得很复杂时，可能会导致系统需要重新设计。与之相比，分散式控制系统结构的每一个运动轴都由一个控制器处理，这意味着系统有较少的轴间耦合和较高的系统重构性。

实践任务　典型工业机器人控制系统分析

任务目标

分析典型工业机器人的控制系统。

任务描述

学完本项目内容之后，教师可以带领学生走进学校的工业机器人实训室或校外企业实训基地。教师首先对学校的工业机器人实训室或校外企业实训基地的设备进行简要介绍，并说明进入场地的任务要求，还要特别强调安全注意事项，要求学生分小组分析典型工业机器人的控制系统。

任务准备

1. 小组分工

根据班级规模将学生分成若干个小组，每组以 5 ~ 6 人为宜，并事先讨论推荐 1 人为小组长，负责制订本组工作的计划并组织实施及讨论汇总和统一协调；选出 1 人对本小组工作情况进行汇报交流。每组填写本小组成员的分工安排表（表 4-1）。

表 4-1　本小组成员的分工安排表

小组长	汇报人	成员 1	成员 2	成员 3	成员 4

2. 工量具、文具材料准备

根据工作任务需求，每个小组需要准备工量具、文具、材料等，凡属借用实训室的，在完成工作任务后应该及时归还。工作任务准备清单见表 4-2。

表 4-2　工作任务准备清单

序号	名称	规格型号	单位	数量	是否自备	申领（借用人）

任务计划（决策）

根据小组讨论内容，以框图的形式展示并说明观察工业机器人的控制系统的顺序，将观察驱动装置的顺序绘制在下面的框内。

观察顺序：

任务实施

1. 分析典型工业机器人的控制系统的基本组成

将观察到的工业机器人控制系统的基本组成填入表 4-3。

表 4-3 典型工业机器人的控制系统的基本组成

序号	基本组成	功能

2. 分析典型工业机器人的控制系统类型

将观察到的工业机器人控制系统的类型填入表 4-4 中,并绘制控制系统结构图。

表 4-4 典型工业机器人的控制系统类型

控制系统类型	
控制系统结构图	

任务检查(评价)

(1)各小组汇报人进行任务完成情况展示,并说明过程。

(2)小组其他人员补充。

(3)其他小组成员提出建议。

(4)填写评价表。任务检查评价见表 4-5。

表 4-5 任务检查评价

小组名称:			小组成员:			
评价项目	评价指标	权重	小组自评	组间互评	教师评价	得分
职业素养	1. 遵守实训室规章制度; 2. 按时完成工作任务; 3. 积极主动地承担工作任务; 4. 注意人身安全和设备安全; 5. 遵守"6S"规则; 6. 发挥团队协作精神,专心、精益求精	30				
专业能力	1. 工作准备充分; 2. 说明控制系统组成正确、齐全; 3. 说明控制系统类型正确,绘制的控制系统结构图完整、正确	50				

评价项目	评价指标	权重	小组自评	组间互评	教师评价	得分
创新能力	1. 方案计划可行性强； 2. 提出自己的独到见解及其他创新	20				
合计	100					
评价意见						

思考练习题

一、填空题

1. 机器人控制系统可以分成 4 部分：_____、_____、_____、_____。

2. 工业机器人的控制方式通常分为_____、_____、_____、_____等。

3. 工业机器人的位置控制方式可分为_____和_____两种方式。

二、选择题

1. 分散式控制系统的主要思想是（　　　）。

   A. 分散控制，集中管理　　　　　　　B. 分散控制，分散管理

   C. 集中控制，分散管理　　　　　　　D. 集中控制，集中管理

2. 下列对以位移控制为基础的力控制系统说法正确的是（　　　）。

   A. 在力闭环的基础上再加上一个位置闭环

   B. 在位置闭环之外再加上一个力的闭环

   C. 在位置闭环之外再加上一个位置闭环

   D. 在力闭环的基础上再加上一个力的闭环

3. 下列不属于工业机器人控制系统组成的是（　　　）。

   A. 轴控制器　　　B. 打印机　　　　C. 示教器　　　D. 控制计算机

三、判断题

1. 两级分散式控制系统通常由上位机、下位机和网络组成。　　　　　　（　　　）

2. 直流伺服电动机或交流伺服电动机的流经电流比较大，一般为几十安培到几百安培。（　　　）

3. 一个简单的机器人也至少有 3 个自由度，比较复杂的机器人有十几个，甚至有几十个自由度。　　　　　　（　　　）

四、简答题

1. 简述集中式控制系统的优点。

2. 简述分散式控制系统的优点。

项目 5　工业机器人的传感系统

【项目介绍】

　　本项目主要介绍了工业机器人传感器的概念、分类及其选用原则；工业机器人内部传感器的工作原理及其应用，包括位置传感器、速度传感器、力觉传感器；工业机器人外部传感器的工作原理及其应用，包括触觉传感器、滑觉传感器、接近觉传感器；工业机器人视觉技术及其应用。

【学习目标】

知识目标

1. 掌握工业机器人用传感器的定义、分类及性能指标；
2. 掌握各类传感器的工作原理及使用范围；
3. 了解视觉系统组成、图像处理、视觉伺服系统及视觉技术的应用。

能力目标

1. 能够辨识各类工业机器人传感器，并准确说出其作用。
2. 能根据系统具体要求选择合适的传感器。

素质目标

1. 遵守实训室规章制度；
2. 按时完成工作任务；
3. 积极主动地承担工作任务；
4. 注意人身安全和设备安全；
5. 遵守"6S"规则；
6. 发挥团队协作精神，专心、精益求精。

【知识链接】

5.1　工业机器人传感器概述

工业机器人
传感器概述

　　传感器是工业机器人的感知系统，是重要的组成部分之一。多个不同功能的传感器组合在一起，才能为机器人提供最为详尽的外界环境信息。传感器对工业机器人有着不可取代的重要性。通过本节内容的学习，能够知道传感器技术及工业机器人传感器的相关概念、工业机器人传感器的分类、工业机器人传感器的选用原则，为进一步学习工业机器人传感器技术与应用打下基础。

5.1.1 传感器的基础知识

5.1.1.1 传感器的概念

传感器基础知识

传感器的英文是"Sensor"，它源于拉丁文"Sense"，意思是"感觉"或"知觉"等。传感器从字义上可理解为传送感受到的信息的器件。其首先要感受到信息，然后把信息传送出去。在日常生活中使用的传感器十分广泛，图5-1所示的卡拉OK所用麦克风就是一种典型的传感器。唱卡拉OK时用麦克风接收到声音信号，然后转化为电信号，发送给放大器。

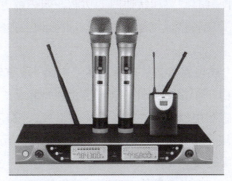

图5-1 卡拉OK所用麦克风

如今传感器技术应用已遍及各行各业的技术领域，如工业生产、现代农业生产、医疗诊断、环境保护、国防军事、海洋及宇宙探索等。随着社会的进步和科技的发展，特别是智能制造和互联网时代的到来，现代信息技术得到广泛应用。现代信息技术的基础是信息采集、信息传输与信息处理，而传感器技术是构成现代信息技术的三大支柱之一，负责信息采集过程。人们在利用信息的过程中，首先要获取信息，而传感器是获取信息的主要手段和途径。

《传感器通用术语》（GB/T 7665—2005）对传感器下的定义是："能感受被测量并按照一定的规律转换成可用输出信号的器件或装置，通常由敏感元件和转换元件组成。"通俗来说，传感器就是一种将被测量转换成便于应用的物理量的装置，这种物理量主要以电学量为主。因为电学量最容易被传输、转换和处理。传感器是一种检测装置，能感受到被测量的信息，并能将检测感受到的信息按一定规律变换成电信号或其他所需形式的信息输出，以满足信息的传输、处理、存储、显示、记录和控制等要求。它是实现自动检测和自动控制的首要环节。

5.1.1.2 传感器的组成和分类

1. 传感器的组成

传感器通常由敏感元件、转换元件、基本转换电路及辅助电源组成，如图5-2所示。

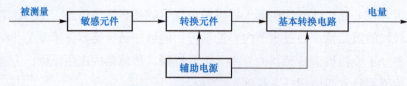

图 5-2　传感器的组成方框图

（1）敏感元件。敏感元件是指直接感受或响应被测量，并输出与被测量成确定关系的某一物理量的元件。例如，金属或半导体应变片能感受压力的大小而引起形变，形变程度就是对压力大小的响应；铂电阻能感受温度的升降而改变其阻值，阻值的变化就是对温度升降的响应，所以铂电阻是一种温度敏感元件，而金属或半导体应变片是一种压力敏感元件。

（2）转换元件。转换元件将敏感元件感受或响应的被测量转换成适用于传输或测量的电信号，敏感元件的输出就是它的输入，它把输入转换成电路变量。转换元件实际上就是将敏感元件感受的被测量转换成电路参数的元件。如果敏感元件本身能直接将被测量变成电路参数，那么该敏感元件具有敏感和转换两个功能，如热敏电阻，它不仅能直接感受温度的变化，而且能将温度变化转换成电阻的变化，即将非电路参数（温度）直接变成电路参数（电阻）。

（3）基本转换电路。上述电路参数接入基本转换电路（简称转换电路），便可转换成电量输出。最简单的传感器由一个敏感元件（兼转换元件）组成，它感受被测量时直接输出电量，如热电偶。有些传感器由敏感元件和转换元件组成，没有基本转换电路，如压电式加速度传感器，其中质量块是敏感元件，压电片（块）是转换元件。有些传感器的转换元件不止一个，要经过若干次转换。

（4）辅助电源。辅助电源是指提供传感器正常工作能源的电源。

2.　传感器的分类

由于被测参量种类繁多，其工作原理和使用条件又各不相同，因此传感器的种类和规格十分繁杂，分类方法也很多。现将常用的分类方法归纳如下。

（1）按输入量即测量对象的不同分类。输入量分别为温度、压力、质量、位移、速度、湿度、光线、气体等非电量时，则相应的传感器称为温度传感器、压力传感器、称重传感器、位移传感器、速度传感器、湿度传感器、光线传感器和气体传感器等。

这种分类方法明确地说明了传感器的用途，给使用者提供了方便，容易根据测量对象来选择所需要的传感器；缺点是这种分类方法是将原理互不相同的传感器归为一类，很难找出每种传感器在转换机理上的共性和差异，因此对掌握传感器的一些基本原理及分析方法是不利的。因为同一种类型的传感器，如压电式传感器，既可以用来测量机械振动中的加速度［图 5-3（a）］、速度和振幅等，也可以用来测量冲击和力［图 5-3（b）］，但其工作原理是一样的。这种分类方法把种类最多的物理量分为基本物理量和派生物理量两大类。例如，力可视为基本物理量，从力可派生出压力、质量、应力、力矩等派生物理量，当需要测量上述物理量时，只要采用力传感器就可以了。所以了解基本物理量和派生物理量的关系，对于系统使用何种传感器是很有帮助的。

(a)   (b)

图 5-3　压电式加速度传感器和压电式压力传感器

(a) 压电式加速度传感器；(b) 压电式压力传感器

（2）按工作（检测）原理分类。工作（检测）原理是指传感器工作时所依据的物理效应、化学效应和生物效应等机理。传感器按工作（检测）原理可分为电阻式传感器、电容式传感器、电感式传感器、压电式传感器、电磁式传感器、磁阻式传感器、光电式传感器、压阻式传感器、热电式传感器、核辐射式传感器、半导体式传感器等。

例如，根据变电阻原理，有电位器式传感器、应变片式传感器、压阻式传感器等；根据电磁感应原理，有电感式传感器、差压变送器式传感器、电涡流式传感器、电磁式传感器、磁阻式传感器等；根据半导体有关理论，则有半导体力敏传感器、热敏传感器、光敏传感器、气敏传感器、磁敏传感器等。

这种分类方法的优点是便于传感器专业工作者从原理与设计上进行归纳性的分析研究，避免了传感器的名目过多，故最常采用；缺点是用户选用传感器时会感到不够方便。

有时也常把用途和原理结合起来命名，如电感式位移传感器、压电式压力传感器等，以避免传感器名目过多。

（3）按传感器的结构参数在信号变换过程中是否发生变化分类。

1）物性型传感器：在实现信号变换的过程中，结构参数基本不变，而是利用某些物质材料（敏感元件）本身的物理或化学性质的变化而实现的。这种传感器一般没有可动结构部分，易小型化，故也被称为固态传感器，它是以半导体、电介质、铁电体等作为敏感材料的固态器件（如热电偶、压电石英晶体、热电阻），还包括各种半导体传感器（如力敏元件、热敏元件、湿敏元件、气敏元件、光敏元件等）。

2）结构型传感器：依靠传感器机械结构的几何形状或尺寸（结构参数）的变化而将外界被测参数转换成相应的电阻、电感、电容等物理量的变化，实现信号变换，从而检测出被测信号，如电容式传感器、电感式传感器、应变片式传感器、电位差计式传感器等。

（4）根据敏感元件与被测对象之间的能量关系分类。

1）能量转换型（有源式、自源式、发电式）：在进行信号转换时不需要另外提供能量，直接由被测对象输入信号能量，把输入信号能量变换为另一种形式的能量输出使其工作。有源传感器类似一台微型发电机，它能将输入的非电能量转换成电能输出，传感器本身无须外加电源，信号能量直接从被测对象取得，因此只要配上必要的放大器就能推动显示或记录仪表，如压电式传感器、压磁式传感器、电磁式传感器、电动式传感器、热电偶传感器、光电池传感器、霍尔效应传感器、静电式传感器等。这类传感器中，有一部分能量的变换是可逆的，也可以将电能转换为机械能或其他非电量，如压电式传感器、压磁式传感器、电动式传感器等。

2）能量控制型（无源式、他源式、参量式）：在进行信号转换时，需要先供给能量，即从外部供给辅助能源使传感器工作，并且由被测量来控制外部供给能量的变化等。对于无源传感器，被测非电量只是对传感器中的能量起控制或调制作用，需要通过测量电路将它变为电压或电流量，然后进行转换、放大，以推动指示或记录仪表。配用的测量电路通常是电桥电路或谐振电路，如电阻式、电容式、电感式、差动变压器式、涡流式、热敏电阻、光电管、光敏电阻、湿敏电阻、磁敏电阻等。

（5）按输出信号的性质分类。

1）模拟式传感器：将被测非电量转换成连续变化的电压或电流，如要求配合数字显示器或数字计算机使用，需要配备模/数（A/D）转换装置。上面提到的传感器多数属于模拟式传感器。

2）数字式传感器：能直接将非电量转换为数字量，可以直接用于数字显示和计算，可直接配合计算机，具有抗干扰能力强、适宜距离传输等优点。目前这类传感器可分为脉冲、频率和数码输出3类，如光栅传感器等。

（6）按照传感器与被测对象的关联方式（是否接触）分类。

1）接触式传感器：如电位差计式传感器、应变式传感器、电容式传感器、电感式传感器等。

接触式传感器的优点是将传感器与被测对象视为一体，传感器的标定无须在使用现场进行；其缺点是传感器与被测对象接触时会对被测对象的状态或特性不可避免地产生或多或少的影响，而非接触式传感器没有这种影响。

2）非接触式传感器：如红外传感器、液位传感器、超声波传感器等。

非接触式传感器测量可以消除传感器介入而使被测量受到的影响，提高测量的准确性，同时可使传感器的使用寿命增加。但是非接触式传感器的输出会受到被测对象与传感器之间介质或环境的影响，因此传感器标定必须在使用现场进行。

（7）按传感器构成分类。

1）基本型传感器：它是一种最基本的单个变换装置。

2）组合型传感器：它是由不同单个变换装置组合而构成的传感器。

3）应用型传感器：它是基本型传感器或组合型传感器与其他机构组合而构成的传感器。

例如，热电偶传感器是基本型传感器，把它与将红外线辐射转为热量的热吸收体组合成红外线辐射传感器，就是一种组合型传感器；把这种组合型传感器应用于红外线扫描设备中，就是一种应用型传感器。

（8）按作用形式分类。传感器可分为主动型传感器和被动型传感器。

1）主动型传感器：又可分为作用型和反作用型两种，此类传感器对被测对象能发出一定的探测信号，能检测探测信号在被测对象中所产生的变化，或者由探测信号在被测对象中产生因某种效应而形成信号。检测探测信号变化方式的称为作用型传感器，检测产生响应而形成信号方式的称为反作用型传感器。雷达与无线电频率范围探测器是作用型传感器的实例，而光声效应分析装置与激光分析器是反作用型传感器的实例。

2）被动型传感器：只是接收被测对象本身产生的信号，如红外辐射温度计、红外摄像装置等。

3. 传感器选用原则

目前传感器的种类已经很多了，而且今后还会越来越多，欲检测同一个参量，就会有几种不同类型的传感器可用，因而正确地选定其中一种是十分重要的事情。选择合适的传感器会给工作和经济带来效益，选择不合适的传感器会给工作和经济带来麻烦和损失。

（1）传感器应具备条件。对于传感器本身来说，希望具备以下条件，条件越优良越好，但是这些条件之间又是相互关联的，这个条件高了另一个条件就可能会降低。

1）要有足够高的准确度、精密度、灵敏度和分辨力。

2）响应速度要快，信噪比要小。

3）稳定性要高，特性漂移要小。

4）可靠性要高。

5）能耐恶劣环境的影响，不受不被测参量变化的影响。

6）不给被检测物体增加负担，不影响被检测对象工作。

7）小型轻量，操作简单，安装方便。

8）价格低。

（2）传感器选择考虑因素。

1）与检测条件有关的因素，包括检测的目的、被测量的选择、测定范围、对精密度与准确度的要求、检测所用时间、输入信号超过额定值发生的可能性与频度等。

2）与传感器性能有关的因素，包括精密度与准确度、稳定性与可靠性、灵敏度与分辨力、响应速度、输入与输出信号是否成线性关系、对被测对象的干扰大小和输入信号过量时的保护、校定周期等。

3）与使用条件有关的因素，包括装配的场所、环境（温度、湿度、振动、有害物质、电磁干扰等）、检测时间、所需功率与电源（直流、交流）等。

4）与购置和维护有关的因素，包括价格、交货期、维修方法、配件、保修期等。

从以上四个方面来考虑传感器的选择，综合平衡以达到较好的结果。

5.1.2 工业机器人传感器及其分类

1. 工业机器人与传感器

传感器在工业机器人构成中占据重要地位。工业机器人传感系统能够使机器人与外界进行信息交换，是决定工业机器人性能水平的关键因素之一。与普遍、大量应用的工业检测传感器相比，工业机器人传感器对传感信息的种类和智能化处理的要求更高。无论是科学研究还是实现产业化，都需要有多种学科、技术和工艺作为支撑。

自 1959 年世界上诞生第一台机器人以来，机器人技术取得了长足的进步和发展。

机器人技术的发展大致经历了以下 3 个阶段。

（1）第一代机器人——示教——再现型机器人。示教——再现型机器人对于外界的环境没有感知。这一代机器人绝大多数不配备任何传感器，一般采用简单的开关控制、示教——再现控制和可编程控制，机器人的运动路径、参数等都需要通过示教或编程的方式给定。因此，在工作过程中，它无法感知环境的改变，也无法及时调整自身的状态适应环境的变化。例如，1962 年美国研制成功的 PUMA 通用示教——再现型机器人，其通过一个计算机来控制一个多自由度的机械，并通过示教存储程序和信息，工作时把信息读取出来，然后发出指令。这样，机器人可以重复地根据当时示教的结果再现出这种动作。又如，搬运机器人由操作者对其进行过程示教，机器人进行存储，之后机器人重复所示教的动作。

（2）第二代机器人——感觉型机器人。这种机器人配备了简单的传感器系统，拥有某种感觉功能，如力觉、触觉、滑觉、视觉、听觉等，能够通过感觉来感受和识别工件的形状、大小、颜色等；同时能感知自身运行的速度、位置、姿态等物理量，并以这些信息的反馈构成闭环控制。传感器系统使机器人能够检测自身的工作状态，探测外部工作环境和对象状态等。

（3）第三代机器人——智能型机器人。20 世纪 90 年代以来，人们发明的机器人带有多种传感器，可以进行复杂的逻辑推理、判断及决策，在变化的内部状态与外部环境中，自主决定自身的行为。

（4）近年来，传感器技术得到迅猛发展，同时技术也更为成熟、完善，这在一定程度上推动着机器人技术的发展。传感器技术的革新和进步，势必会为机器人行业带来革新和进步。因为机器人的很多功能都是依靠传感器来实现的。为了实现在复杂、动态及不确定性环境下机器人的自主性，或者为了检测作业对象和环境及机器人与它们之间的关系，目前各国的科研人员逐渐将视觉传感器、听觉传感器、压觉传感器、热觉传感器、力觉传感器等多种不同功能的传感器合理地组合在一起，形成机器人的感知系统，为机器人提供更为详细的外界环境信息，进而促使机器人对外界环境变化做出实时、准确、灵活的行为响应。

不得不承认，即使是目前世界上智能程度最高的机器人，它对外部环境变化的适应能力也非常有限，还远远没有达到人们预想的目标。一方面传感器的使用和发展提高了工业机器人的水平，促进了工业机器人技术的深化；另一方面传感技术因具有许多难题而又抑制、影响了工业机器人的发展。今后工业机器人能发展到何种程度，传感器将是关键因素之一。

2. 工业机器人与传感器分类

工业机器人的感觉系统可分为视觉、听觉、触觉、嗅觉、味觉、平衡感觉和其他感觉。可以将传感器的功能与人类的感觉器官相比拟，光敏传感器可比为视觉，声敏传感器可比为听觉，气敏传感器可比为嗅觉，化学传感器可比为味觉，压敏传感器、温敏传感器、流体传感器可比为触觉。与常用的传感器相比，人类的感觉能力更优越，但也有一些传感器的功能比人的感觉功能优越，例如感知紫外线或红外线辐射的传感器，感知电磁场、无色无味的气体的传感器等。

工业机器人传感器的种类繁多，分类方式也不是唯一的。根据传感器在系统中的作用来划分，工业机器人的传感器可分为内部传感器和外部传感器。其中，内部传感器是为了检测机器人的内部状态，在伺服控制系统中作为反馈信号，如位移、速度、加速度等传感器；外部传感器是为了检测作业对象及环境与机器人的联系，如视觉、触觉、力觉、距离等传感器。

内部传感器是测量机器人自身状态的功能元件，具体检测的对象有关节的线位移、角位移等几何量，速度、角速度、加速度等运动量，以及倾斜角、方位角、振动等物理量，即主要用来采集来自机器人内部的信息；而外部传感器主要用来采集机器人和外部环境及工作对象之间相互作用的信息。内部传感器常在控制系统中用作反馈元件，检测机器人自身的状态参数，如关节运动的位置、速度、加速度等；外部传感器主要用来测量机器人周边环境参数，通常与机器人的目标识别、作业安全等因素有关，如视觉传感器，它既可以用来识别工作对象，也可以用来检测障碍物。从机器人系统的观点来看，外部传感器的信号一般用于规划决策层，也有一些外部传感器的信号被底层的伺服控制层所利用。内部传感器和外部传感器是根据传感器在系统中的作用来划分的，某些传感器既可以当作内部传感器使用，又可以当作外部传感器使用。如力觉传感器，用于末端执行器或操作臂的自重补偿时，是内部传感器；用于测量操作对象或障碍物的反作用力时，是外部传感器。

3. 工业机器人对传感器的选用原则

为评价或选择传感器，通常需要确定传感器的性能指标。传感器一般有以下几个性能指标。

（1）灵敏度。灵敏度是指传感器的输出信号达到稳定时，输出信号变化与输入信号变化的比值。

（2）线性度。线性度反映传感器输出信号与输入信号之间的线性程度。机器人控制系统应该选用线性度较高的传感器。

（3）测量范围。测量范围是指被测量的最大允许值和最小允许值之差。一般要求传感器的测量范围必须覆盖机器人有关被测量的工作范围。

（4）精度。精度是指传感器的测量输出值与实际被测量值之间的误差。在机器人系统设计中，应该根据系统的工作精度要求选择合适精度的传感器。

（5）重复性。重复性是指传感器在对输入信号按同一方式进行全量程连续多次测量时，相应测试结果的变化程度。测试结果的变化越小，传感器的测量误差就越小，重复性越好。

（6）分辨率。分辨率是指传感器在整个测量范围内所能辨别的被测量的最小变化量，或者所能辨别的不同被测量的个数。它辨别的被测量的最小变化量越小，或被测量的个数越多，分辨率越高；反之，分辨率越低。

（7）响应时间。响应时间是传感器的动态特性指标，是指传感器的输入信号变化后，其输出信号随之变化并达到一个稳定值所需要的时间。

（8）抗干扰能力。机器人的工作环境是多种多样的，在有些情况下可能相当恶劣，因此对于机器人用传感器必须考虑其抗干扰能力。

在选择工业机器人传感器时，需要根据实际工况、检测精度、控制精度等具体的要求来确定所用传感器的各项性能指标，同时还需要考虑机器人工作的一些特殊要求，如重复性、稳定性、可靠性、抗干扰性，最终选择出性价比较高的传感器。

5.2　工业机器人内部传感器及其应用

机器人内部传感器以其坐标系统确定位置，内部传感器一般安装在机器人的机械手上，而不是安装在周围环境中。通过本节内容的学习，能够掌握电位式位置传感器、编码器式位置传感器、模拟式速度传感器、数字式速度传感器、力觉传感器的工作原理及适用范围，为后期能根据系统具体要求选择合适的传感器提供基础。

工业机器人内部
传感器——位置
传感器

5.2.1　位置传感器

5.2.1.1　位置传感器的作用

位置传感器是用来感受被测物的位置并转换成可用输出信号的传感器，主要用来检测位置，反映某种状态的开、关。位置传感器只反映被测物经过一个点的信息，这个信息通过开、关的形式转换为电信号。位置传感器在工业机器人中有以下两种作用。

（1）检测规定的位置。位置传感器常用"ON""OFF"两个状态值检测机器人的起始原点、终点位置或某个确定的位置。规定位置的检测常用微型开关、光电开关等检测元件，当规定的位移量或力作用在微型开关的可动部分时，开关的电气触点（常闭）断开或（常开）接通并向控制回路发出动作信号。

（2）测量可变位置和角度。测量机器人关节线位移和角位移的传感器是机器人位置反馈控制中必不可少的元件，常用的有电位器、编码器、光栅式位置传感器等。其中，编码器既可以检测直线位移，又可以检测角位移。

5.2.1.2　电位式位置传感器

典型的位置传感器是电位计（称为电位差计或分压计），它由一个线绕电阻（或薄膜电阻）和一个滑动触点组成。其中，滑动触点通过机械装置受被检测量的控制。当被检测的位置量发生变化时，滑动触点也产生位移，改变了滑动触点与电位器各端之间的电阻和输出电压，根据这种输出电压的变化，可以检测出机器人各关节的位置和位移量。

如图5-4所示，这是一个直线型电位式触点位置传感器的实例，在载有物体的工作台下面有与电阻接触的触点，当工作台左右移动时接触触点也随之左右移动，从而移动了与电阻接触的位置。其检测的是以电阻中心为基准位置的移动距离。电刷固定在被测控物体上，电阻丝的一个固定端和滑动的触点之间的电阻是与被测量值位移 x 相对应的，L 为电位器总行程。

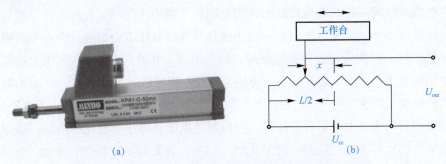

图 5-4　直线型电位式触点位置传感器的实物图和原理图
(a) 实物；(b) 原理

当被测非电量（如位移量）变化时，活动触点带动电位器上的电刷滑动到相应位置，由于在电位器两端加有电压 U_{cc}，整个电阻回路上就有电流通过。故通过图中电压 U_{out} 的数值就可计算出位移量 x。

$$U_{out} = (U_{cc}/L)\ x$$

如果把图 5-4 所示的电阻元件弯成圆弧形，活动触点的另一端固定在圆的中心，并像时针那样回转时，由于电阻随相应的回转角而变化，基于上述原理可构成旋转型电位式位置传感器。其实物如图 5-5 (a) 所示，旋转型电位式位置传感器的工作原理如图 5-5 (b) 所示。

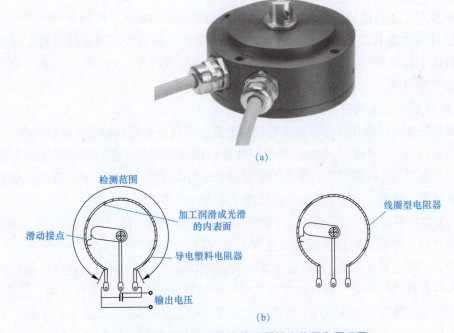

图 5-5　旋转型电位式位置传感器的实物图和原理图
(a) 实物图；(b) 原理图

电位式位置传感器的优点是输出功率大，结构简单，使用方便，输入信号大；其缺点是分辨率低，寿命短，可靠性差，滑动电阻器触点滑动时，触点电刷与电阻器之间可能因腐蚀生锈或灰尘等引起接触电阻，产生噪声，易造成接触不良。实际的线绕电位器的电刷移动是在电阻导线间一匝一匝地滑动的，当电刷处于两匝之间时，相邻两匝导线被电刷短路，使总匝数减小一匝，此时电阻有一微小变化，输出电压也会出现一个小小的跳变；当电刷正好脱离前一匝而只与后一匝接触时，输出电压（电阻）又出现一次稍大的跳变。因此，在电刷的整个行程中，输出电压（电阻）每经一匝导线时均要发生一次小小的跳变和一次稍大的跳变，使输出电压（电阻）不连续。若改用金属蒸镀膜电位器、碳素膜电位器、导电塑料电位器和光电电位器等非线绕式电位器，则能获得连续变化的电阻，适用于几毫米到几十毫米的位移测量、精度一般为 0.5% ～ 1%、重复测量次数少的场合。电位器测量仪表可以用来测量运动体的位移、物体的位置、液体的液面位置等，不仅可测量线位移，也可测量角度位移。

5.2.1.3　编码器式位置传感器

编码器式位置传感器基于脉冲编码器的原理。编码器式位置传感器用以测量轴的旋转角度位置变化、旋转速度变化或直线位置变化等，其输出信号为电脉冲。它通常与驱动电动机同轴安装，驱动电动机可以通过齿轮箱或同步齿轮驱动丝杠，也可以直接驱动丝杠。脉冲编码器随着电动机的旋转，可以连续发出脉冲信号。例如，电动机每转一圈，脉冲编码器可发出 2 000 个均匀的方波信号，微处理器通过对该信号的接收、处理、计数即可得到电动机的旋转角度，从而计算出被控对象的位置。目前，脉冲编码器可发出数百至数万个方波信号，因此可满足高精度位置检测的需要。按码盘的读取方式，脉冲编码器可分为光电式、接触式（电阻式）和电磁式。就精度与可靠性而言，光电式脉冲编码器优于其他两种。根据编码类型，光电式脉冲编码器可分为绝对型光电编码器和增量型光电编码器。

1. 绝对型光电编码器

绝对型光电编码器具有绝对位置的记忆装置，可以测量旋转轴或移动轴的绝对位置，因此它已广泛应用于机器人系统。对于线性移动轴或旋转轴，在确定编码器的安装位置后，绝对参考零位置就确定了。通常，绝对型光电编码器的绝对零位置的存储要依靠不间断的供电电源。目前，一般使用高效的锂离子电池进行供电。

绝对型光电编码器的编码盘由几个同心圆组成，这些同心圆可以称为码道，在这些码道上，沿径向顺序具有各自不同的二进制权值。每个码道根据其权值分为遮光段和投射段，分别表示二进制 0 和 1。与码道个数相同的光电器件分别与各自对应的码道对准并沿码盘的半径直线排列，可以通过这些光电器件的检测结果来产生绝对位置的二进制编码。绝对型光电编码器为旋转轴的每个位置均生成唯一的二进制编码，因此可用于确定绝对位置。绝对位置的分辨率取决于二进制编码的位数，即代码信道的数量。例如，10 码道编码器可以生成 1 024 个位置，角度分辨率为 21′ 6″。目前，绝对编码器可以有 17 个通道，即 17 位绝对型光电编码器。

采用 4 位绝对型光电编码器来说明旋转式绝对型光电编码器的工作原理，如图 5-6 所示。图 5-6（a）所示的码盘使用标准二进制编码，其优点是可以直接用于绝对位置换算。但是这种码盘很少在实践中使用，因为当编码器在两个位置的边缘交替或前后摆动时，由于码盘制作或光电器件排列的误差会产生编码数据的大幅跳动，导致位置显示错误和控制错误。例如，在位置 0111 和 1000 的交叉点处，可能出现诸如 1111、1110、1011、0101 等数据，因此绝对型光电编码器通常使用格雷码循环二进制码盘（简称格雷码盘），如图 5-6（b）所示。

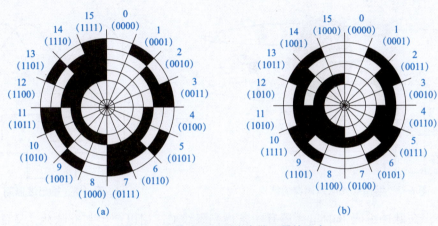

图 5-6　旋转式绝对型光电编码器的码盘
(a) 码盘；(b) 格雷码盘

在格雷码盘上，两个相邻数据之间只有一个数据变化，因此在测量过程中没有大的数据跳跃。格雷码在本质上是一种对二进制的加密处理，其每位不再具有固定的权值，必须先通过解码过程将其转换为二进制代码，然后才能获取位置信息。该解码过程可以由硬件解码器或软件实现。

绝对型光电编码器的优点是静止或关闭后再打开，仍然可以得到位置信息；缺点是结构复杂，成本高。此外，它的信号引线会随着分辨率的增加而增加。例如，18 位绝对型编码器的输出至少需要 19 条信号线。然而，随着集成电路技术的发展，可以将检测机构与信号处理电路、解码电路，甚至通信接口进行集成，形成数字化、智能化或网络化的位置传感器，这是一个发展方向。再例如，已有集成化的绝对位置传感器产品将检测机构与数字处理电路集成在一起，输出信号线的数量减少到只有几个，可以是分辨率为 12 位的模拟信号或串行数据。

2. 增量型光电编码器

增量型光电编码器也称光电码盘、光电脉冲发生器等。增量型光电编码器的结构如图 5-7 所示，主要由光源、透镜、光栅板、码盘基片、透光狭缝、光敏元件、信号处理装置和显示装置等组成。在码盘基片的圆周上等分地刻出几百条到上千条透光狭缝。光栅板透光狭缝为两条，每条后面安装一个光敏元件。码盘基片转动时，光敏元件把通过光电盘和光栅板射来的忽明忽暗的光信号（近似正弦信号）转换为电信号，经整形、放大等电路的变换后变成脉冲信号，通过计量脉冲的数目，即可测出工作轴的转角，通过测定计数脉冲的频率，即可测出工作轴的转速。从光栅板上两条透光狭缝中检测的信号 A 和 B，是具有 90° 相位差的两个正弦波，这组信号经放大器放大与整形，输出波形如图 5-8 所示。根据这两个信号的先后顺序，即可判断光电盘的正反转。若 A 相超前 B 相，对应电动机正转；若 B 相超前 A 相，对应电动机反转。若以该方波的前沿或后沿产生计数脉冲，可以形成代表正向位移和反向位移的脉冲序列。

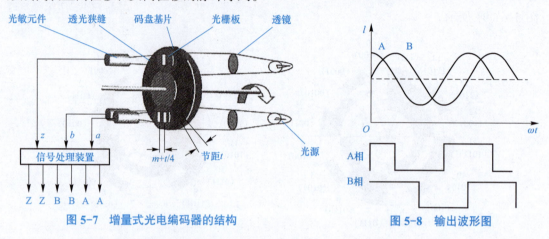

图 5-7　增量式光电编码器的结构　　　　　　图 5-8　输出波形图

此外，在脉冲编码器的里面还有一条透光条纹 C，用以产生基准脉冲，又称零点脉冲，它是轴旋转一周在固定位置上产生的一个脉冲，给计数系统提供一个初始的零位信号。在应用时，从脉冲编码器输出的信号是差动信号，采用差动信号可大大提高传输的抗干扰能力。

5.2.2　速度传感器

速度传感器是一种机器人内部传感器，它是闭环控制系统不可缺少的组成部分，用于测量机器人关节的运动速度。目前，有许多传感器可以用于测量速度，如大多数执行位置测量的传感器也可以同时获得速度信息。测速发电机是使用最广泛的速度传感器，它可以直接获得代表转速的电压，并具有良好的实时性能。在机器人系统中，以速度为主要目标的伺服控制并不常见，而以机器人的位置控制更为常见。有些情况下，如果需要考虑机器人运动过程的质量，就需要采用速度传感器、加速度传感器。下面介绍几种机器人控制中常用的速度传感器。根据输出信号的形式，这些速度传感器可以分为模拟式和数字式两种。

5.2.2.1　模拟式速度传感器

测速发电机是一种常用的模拟式速度传感器，是用于检测机械转速的电磁装置，它能把机械转速变换为电压信号，其输出电压与输入的转速成正比，其实质是一种微型直流发电机，它的绕组和磁路经精确设计，其结构原理如图 5-9 所示。

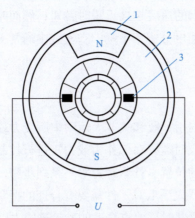

图 5-9 直流测速发电机结构原理
1—永久磁铁；2—转子线圈；3—电刷

　　直流测速发电机的工作原理基于法拉第电磁感应定律，当通过线圈的磁通量恒定时，位于磁场中的线圈旋转使线圈两端产生的感应电动势与线圈转子的转速成正比，即

$$U = kn$$

式中，U 为测速发电机的输出电压（V）；n 为测速发电机的转速；k 为比例系数。

　　改变旋转方向时，输出电动势的极性即相应改变。在被测机构与测速发电机同轴连接时，只要检测出输出电动势，就能获得被测机构的转速。测速发电机广泛应用于各种速度或位置控制系统。在自动控制系统中，测速发电机作为检测速度的元件，以调节电动机转速或通过反馈来提高系统的稳定性和精度；在解算装置中既可作为微分、积分元件，也可作为用于加速或延迟的信号，或者用来测量各种运动机械在摆动、转动或直线运动时的速度。

5.2.2.2　数字式速度传感器

　　增量型光电编码器在工业机器人中既可以用来作为位置传感器测量关节相对位置，又可以作为速度传感器测量关节速度。作为速度传感器时，既可以在模拟方式下使用，又可以在数字方式下使用。

1. 模拟方式

　　在模拟方式下，必须有一个频率–电压（f/U）变换器，用来把编码器测得的脉冲频率转换成与速度成正比的模拟电压。f/U 变换器必须具有良好的零输入、零输出特性和较小的温度漂移，这样才能满足测试要求。

2. 数字方式

　　数字方式测速是指基于数学公式，利用计算机软件计算出速度。由于角速度是转角对时间的一阶导数，如果能测得单位时间 Δt 内编码器转过的角度 $\Delta \theta$，则编码器在该时间段内的平均速度为

$$\omega = \frac{\Delta \theta}{\Delta t}$$

单位时间取得越小，所求的速度越接近瞬时转速；然而时间太短，编码器通过的脉冲数太少，又会导致所得到的速度分辨率下降。在实践中通常采用时间增量测量电路来解决这一问题。

5.2.3 力觉传感器

力觉是指对工业机器人的指、肢和关节等运动中所受力或力矩的感知。工业机器人在进行装配、搬运、研磨等作业时需要对工作力或力矩进行控制。例如，装配时需完成将轴类零件插入孔内、调准零件的位置、拧紧螺钉等一系列步骤，在拧紧螺钉过程中需要有确定的拧紧力矩；搬运时，机器人手爪对工件需要有合理的握紧力，握紧力太小不足以搬动工件，太大则会损坏工件；研磨时需要有合适的砂轮进给力以保证研磨质量。

目前使用最广泛的是电阻应变片式六轴力 / 力矩传感器，如图 5-10 所示，它能同时获取三维空间的三维力和力矩信息，广泛应用于力 / 位置控制、轴孔配合、轮廓跟踪及双机器人协调等机器人控制领域。在实践应用中，传感器两端通过法兰盘与工业机器人腕部连接。当机器人腕部受力时，其内部测力或力矩元件发生不同程度的变形，使敏感点的应变片发生应变，输出电信号，通过一定的数学关系式就可解算出 X、Y、Z 坐标上的分力和分力矩。

图 5-10 电阻应变片式六轴力 / 力矩传感器

5.3 工业机器人外部传感器及其应用

外部传感器检测机器人所处环境、外部物体状态或机器人与外部物体的关系。常用的外部传感器按功能分类有触觉传感器、滑觉传感器、接近传感器、视觉传感器等。通过本节内容的学习，能够掌握压电式传感器、光纤压力传感器、球式滑觉传感器、振动式滑觉传感器、电感式接近传感器、光电式接近传感器、超声波接近传感器的工作原理及适应范围，为后期能根据系统具体要求选择合适的传感器提供基础。

5.3.1 触觉传感器

触觉用来感知是否与其他物体接触，是诸如接触、冲击和压力等机械刺激感觉的综合。触觉可以用来进一步感知物体的物理属性，如形状、柔软和坚硬等。一般来说，把能够探测到与外界直接接触产生的接触感、压力感、触觉和接近觉的传感器称为机器人的触觉传感器。

机器人的触觉传感器主要有三方面功能。首先，使操作动作适宜，例如感知手指和物体之间的作用力，就可以判定这个动作是否适当。这种力也可以作为反馈信号，通过调整给定的操作程序来实现柔性动作控制。这个功能是视觉无法替代的。其次，识别操作对象的属性，如尺寸、质量、硬度等。有时它可以在一定程度上代替视觉进行形状识别，这在视觉无法工作时是非常重要的。最后，用来躲避危险、障碍物等，以防止碰撞等事故。

最简单的触觉传感器是微动开关，它也是最早使用的触觉传感器。其工作范围广，不受电磁干扰，操作简单，使用方便，成本低。单个微动开关通常工作在开－关状态，它可以用两位的方式指示是否处于接触状态。如果仅仅需要检测是否与对象物体接触，这种两位微动开关就能满足要求。但是，如果需要检测物体的形状，那么需要在接触面上高密度地安装敏感元件。虽然微动开关可以很小，但是与高灵敏度触觉传感器的要求相比，这种开关式的微动开关仍然太大，无法实现高密度安装。

导电合成橡胶是一种常见的触觉传感器敏感元件，它是在硅橡胶中添加导电颗粒或半导体材料（如银或碳）构成的导电材料。这种材料价格低，使用方便，有柔性，可用于机器人多指灵巧手的手指表面。导电合成橡胶有多种工业等级，其体电阻随压力变化不大，但接触面积和反向接触电阻随外力变化较大。基于这一原理制作的触觉传感器可以实现在 1 cm^2 的面积内有 256 个触觉敏感单元，敏感范围为 1 ~ 100 g。

另一种常见的触觉传感器是半导体应变计。金属和半导体的压阻器件已被用于构建触觉传感器阵列。最常用的应变计是金属箔应变计，特别是它们与形变元件粘贴在一起可将外力变换成应变，因此进行测量的应变计用得更多。利用半导体技术可以在硅等半导体上制作应变元件，甚至可以在同一硅片上制作信号调理电路。硅触觉传感器的优点是具有良好的线性、低滞后和小蠕变等，以及可在硅片上制作多通道调制、线性化和温度补偿电路；缺点是传感器容易过载。此外，硅集成电路的平面导电性限制了其在机器人灵巧指尖形状传感器中的应用。

1. 压电式传感器

常用的压电晶体是石英晶体，石英晶体在受压时会产生一定的电信号。石英晶体产生的电信号的强度是由它们所受的压力值决定的。通过检测这些电信号的强度，可以检测出被测物体所受的力。压电式传感器不仅可以测量物体受到的压力，还可以测量物体的张力。在测量拉紧力时，需要给压电晶体一定的预紧力。由于压电晶体不能承受过大的应变，所以其测量范围很小。

工业机器人外部传感器——触觉传感器

在机器人的应用中，通常不会出现过大的力，因此采用压电式传感器更合适。在安装压电式传感器时，与传感器表面接触的零件应具有良好的平行度和较低的表面粗糙度，而且硬度应低于传感器接触表面的硬度，确保预紧力垂直于传感器的表面，以使石英晶体上生成均匀的压力分布。图 5-11 所示为压电式传感器内部结构。

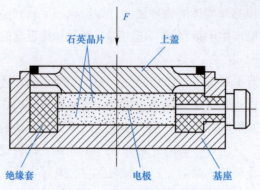

图 5-11 压电式传感器内部结构

2. 光纤压力传感器

图 5-12 所示的光纤压力传感器基于全内反射破坏原理，是一种光强度调制的高灵敏度光纤传感器。发射光纤和接收光纤通过棱镜连接。棱镜的斜面与膜片之间的气隙约为 0.3 μm，在膜片的下表面包覆有光吸收层。当膜片受压力向下移动时，棱镜的斜面与光吸收层间的气隙发生改变，从而引起棱镜界面内全内反射的局部破坏，使部分光离开上界面进入光吸收层并被吸收。因此，接收光纤中的光强也随之改变。当膜片受压时，便产生弯曲变形，对于周边固定的膜片，在小挠度时（$y \leq 0.5t$，动膜片厚度），膜片中心位移与所受压力成正比。

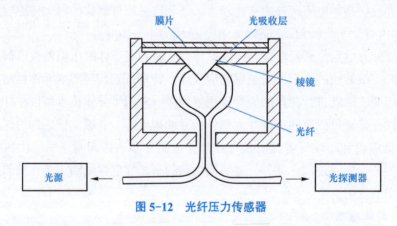

图 5-12 光纤压力传感器

5.3.2 滑觉传感器

当机器人抓取一个属性未知的物体时，其自身应能确定最佳握紧力的给定值。当握紧力不足时，需要检测被抓取物体的滑动情况。利用检测信号，在不损坏物体的前提下，考虑最可靠的夹持方法。实现这一功能的传感器称为滑觉传感器，它有振动式和球式两种。当物体在传感器表面滑动时，和滚轮或环相接触，把滑动变成旋转。图 5-13 显示了南斯拉夫贝尔格莱德大学制造的球式滑觉传感器，由一个金属球和一个触针组成。金属球的表面被划分为几个交替排列的导电和绝缘晶格。触针头部细小，每次只能触及一个方格。当工件滑动时，金属球随之旋转，脉冲信号输出到触针上。脉冲信号的频率反映了滑动速度，脉冲信号的数量与滑动距离相对应。

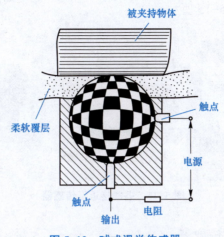

图 5-13 球式滑觉传感器

另一种传感器，通过振动来检测滑动的感觉，称为振动式滑觉传感器，如图 5-14 所示。其表面伸出的触针能与物体接触。当物体滚动时，触针与物体接触而产生振动，这种振动由压电传感器或带有磁场线圈结构的微小位移计检测。

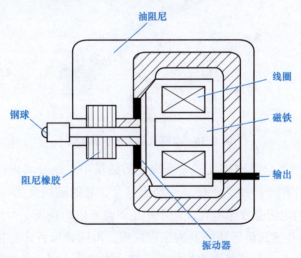

图 5-14 振动式滑觉传感器

5.3.3 接近觉传感器

接近觉传感器是机器人用来检测自身与周围物体的相对位置和距离的传感器。它的使用对于机器人工作过程中及时进行轨迹规划和预防事故发生具有重要意义。它主要有以下三个方面的作用。

（1）在接触物体之前，先获取必要的信息，为以后的动作做好准备。

（2）当发现障碍物时，改变路线或停止运行，以避免发生碰撞。

（3）得到对象物体表面形状的信息。

接近觉传感器可分为电感式（感应电流式）、光电式（反射或透射式）、电容式、超声波式和气压式 5 种，如图 5-15 所示。

图 5-15　各类接近觉传感器

5.3.3.1　电感式接近传感器

电感式接近传感器是用来检测工件是否为金属的一种传感器，它是利用电涡流效应制造的传感器，图 5-16 所示是电感式接近传感器实物。

工业机器人外部传感器——接近觉传感器

图 5-16　电感式接近传感器实物

电涡流效应是指当金属物体处于一个交变的磁场中，在金属内部会产生交变的电涡流，该涡流又会反作用于产生它的磁场。如果这个交变的磁场是由一个电感线圈产生的，则这个电感线圈中的电流会发生变化，用于平衡涡流产生的磁场。

图 5-17 所示是电感式接近传感器的工作原理，电感式接近传感器是利用电涡流效应原理，以高频振荡器中的电感线圈作为检测元件，当被测金属物体接近电感线圈时产生涡流效应，引起振荡器振幅或频率的变化，由传感器的信号调理电路（包括检波、放大、整形、输出等电路）将该变化转换成开关量输出，从而达到检测目的。

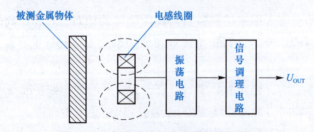

图 5-17　电感式接近传感器的工作原理

在电感式接近传感器的选用和安装中，必须认真考虑检测距离和设定距离两个值，从而保证生产线上的传感器可以进行可靠动作。安装距离注意说明如图5-18所示，安装前要初步判断传感器的额定检测距离，安装时要把检测物体的设定距离调整到额定检测距离之内。

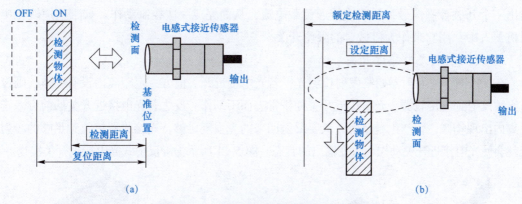

图5-18 电感式接近传感器安装示意图
(a) 检测距离；(b) 设定距离

5.3.3.2 光电式接近传感器

光电式接近传感器是利用光的各种性质检测物体的有无和表面状态的变化等的传感器。其中，输出形式为开关量的传感器称为光电接近开关。

光电接近开关主要由光发射器和光接收器构成。如果光发射器发射的光线因检测物体不同而被遮掩或反射，到达光接收器的量将会发生变化。光接收器的光敏元件将检测出这种变化，并转换为电气信号，输出电信号传送到PLC中。大多数光电接近开关使用可视光（主要为红色，也用绿色、蓝色来判断颜色）和红外光。

按照光接收器接收光的方式不同，光电接近开关可分为对射式、漫射式（漫反射式）和反射式3种，其工作原理如图5-19所示。

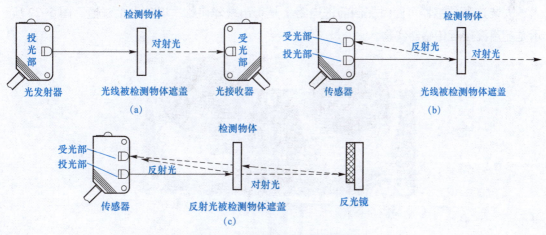

图5-19 光电接近开关工作原理
(a) 对射式光电接近开关；(b) 漫射式（漫反射式）光电接近开关；(c) 反射式光电接近开关

1. 对射式光电接近开关

槽形开关就是一个对射式光电接近开关，它把一个光发射器和一个光接收器面对面地安装在一个槽的两侧，如图 5-20 所示。光发射器发出红外光或可见光，在无阻挡情况下光接收器能接收到光。但当被检测物体从槽中通过时，光被遮挡，光电接近开关便动作，输出一个开关控制信号，切断或接通负载电流，从而完成一次控制动作。如某些模块化串联机器人中，用它来作为机械臂的限位开关。

2. 漫反射式光电接近开关

在工作时，光发射器始终发射检测光，若光电接近开关前方一定距离内没有物体，则没有光被反射到光接收器，光电接近开关处于常态而不动作；反之若光电接近开关的前方一定距离内出现物体，就产生漫反射，只要反射回来的光强度足够，光接收器接收到足够的漫射光就会使光电接近开关动作而改变输出的状态。图 5-21 所示为漫反射式光电接近开关实物。

图 5-20　槽形开关实物

图 5-21　漫反射式光电接近开关实物

5.3.3.3　超声波接近传感器

超声波接近传感器用于机器人对周围物体的存在与距离的探测。尤其是移动式机器人，安装这种传感器可随时探测前进道路上是否出现障碍物，以免发生碰撞。图 5-22 所示是超声波接近传感器实物。

图 5-22　超声波接近传感器实物

超声波是人耳听不见的一种机械波，其频率在 20 kHz 以上，波长较短，绕射小，能作为射线而定向传播。超声波接近传感器由超声波发生器和接收器组成。超声波发生器有压电式、电磁式及磁滞伸缩式等，在检测技术中最常用的是压电式。

由于用途不同，压电式超声波接近传感器有多种结构形式。图 5-23 所示是一种双探头传感器，带有晶片座的压电晶片装入金属壳体，压电晶片两面镀有银层，作为电极板，底面接地，上面接有引出线（导线）。阻尼块的作用是降低压电晶片的机械品质因素，吸收声能量，防止电脉冲振荡停止时，压电晶片因惯性作用而继续振动。阻尼块的声阻抗等于压电晶片的声阻抗时，效果最好。

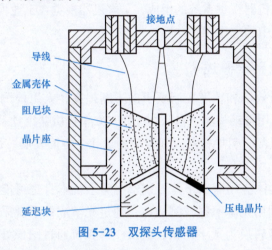

图 5-23　双探头传感器

在真实环境中，超声波接近传感器数据的精确度和可靠性会随着距离的增加和环境模型的复杂性上升而下降。总体来说，超声波接近传感器的可靠性很低，测距的结果存在很大的不确定性，主要表现为以下 4 点。

1. 超声波接近传感器测量距离的误差

除了传感器本身的测量精度问题外，还受外界条件变化的影响。如声波在空气中的传播速度受温度影响很大，同时和空气湿度也有一定的关系。

2. 超声波接近传感器散射角

超声波接近传感器发射的声波有一个散射角，超声波接近传感器可以感知障碍物在散射角所在的扇形区域范围内，但是不能确定障碍物的准确位置。

3. 串扰

机器人通常装备多个超声波接近传感器，此时可能会出现串扰问题。这种情况通常发生在比较拥挤的环境中，对此只能通过几个不同位置多次反复测量验证，同时合理安排各个超声波传感器工作的顺序。

4. 声波在物体表面的反射

声波信号在环境中的不理想反射是实际环境中超声波接近传感器遇到的最大问题。当光、声波、电磁波等碰到反射物体时，任何测量到的反射都是只保留原始信号的部分，剩下的部分能量或被介质物体吸收，或被散射，或穿透物体。有时超声波接近传感器甚至接收不到反射信号。

5.4 工业机器人视觉技术及其应用

机器视觉系统是一种非接触式的光学传感系统，同时集成软硬件，综合现代计算机、光学和电子技术，能够自动地从所采集到的图像中获取信息或者产生控制动作。通过本节内容的学习，能够掌握机器视觉系统的组成，了解机器视觉在工业检测、农产品分选、机器人导航、医学等领域中的应用。

5.4.1 机器视觉系统概述

随着自动化生产对效率和精度控制要求的不断提高，人工检测已经无法满足工业需求，解决的方法就是采用自动检测。自从 20 世纪 70 年代机器视觉系统产品出现以来，其已经逐步向处理复杂检测、引导机器人和自动测量几个方面发展，逐渐消除了人为因素，降低了错误发生的概率。

机器视觉系统的具体应用需求千差万别，视觉系统本身也可能有多种形式，但都包括 3 个步骤：首先，利用光源照射被测物体，通过光学成像系统采集视频图像，相机和图像采集卡将光学图像转换为数字图像；其次，计算机通过图像处理软件对图像进行处理，分析获取其中的有用信息，这是整个机器视觉系统的核心；最后，图像处理获得的信息最终用于对对象（被测物体、环境）的判断，并形成相应的控制指令，发送给相应的机构。

在整个过程中，被测对象的信息反映为图像信息，进而经过分析，从中得到特征描述信息，最后根据获得的特征进行判断和动作。最典型的机器视觉应用系统包括光源、光学镜头、摄像机、图像采集卡、图像处理系统、输入 / 输出和控制执行机构等，如图 5-24 所示。

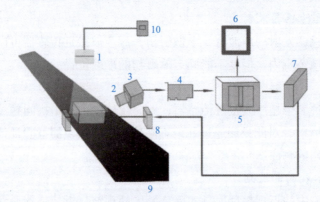

图 5-24　典型机器视觉应用系统组成

1—光源；2—光学镜头；3—摄像机；4—图像采集卡；

5—图像处理系统（含图像处理软件）；6—显示器；

7、8—输入 / 输出和控制执行机构；9—被测目标；10—光源控制器

采用机器视觉系统，工业机器人将具有以下优势。

1. 可靠性
非接触测量不仅满足狭小空间装配过程的检测，同时提高了系统安全性。

2. 精度高
使用机器视觉系统可提高测量精度，人工目测受测量人员主观意识的影响，而机器视觉这种精确的测量仪器可排除这种干扰，提高了测量结果的准确性。

3. 灵活性
机器视觉系统能够进行各种测量。当使用环境变化以后，只需软件做相应变化或升级以适应新的需求即可。

4. 自适应性
机器视觉系统可以不断获取多次运动后的图像信息，反馈给运动控制器，直至最终结果准确，实现自适应闭环控制。

5.4.2 机器视觉的应用

1. 在工业检测中的应用
目前，机器视觉已成功地应用于工业检测领域，大幅度地提高了产品的质量和可靠性，保证了生产的速度。例如，产品包装、印刷质量的检测，饮料行业的容器质量检测，饮料填充检测，饮料瓶封口检测，木材厂木料检测，半导体集成块封装质量检测，卷钢质量检测，关键机械零件的工业 CT 等。在海关，应用 X 射线和机器视觉技术的不开箱货物通关检验，大大提高了通关速度，节约了大量的人力和物力。在制药生产线上，机器视觉技术可以对药品包装进行检测，以确定是否装入正确数量的药粒。

2. 在农产品分选中的应用
我国是一个农业大国，农产品十分丰富，对农产品进行自动分级，实行优质优价，以产生更好的经济效益，其意义十分重大。如水果，根据颜色、形状、大小等特征参数进行分级；禽蛋，根据色泽、质量、形状、大小等外部特征进行分级；烟叶，根据其颜色、形状、纹理、面积等进行综合分级。此外，为了提高加工后农产品的品质，对水果的坏损部分、粮食中混杂的杂质、烟叶和茶叶中存在的异物等都可以采用机器视觉系统进行检测并准确去除。随着工厂化农业的快速发展，利用机器视觉技术对作物生长状况进行监测，实现科学浇灌和施肥，也是它的一种重要应用。

3. 在机器人导航和视觉伺服系统中的应用
赋予机器人视觉是机器人研究的重要课题之一，其目的是通过图像定位、图像理解，向机器人运动控制系统反馈目标或自身的状态与位置信息，使其具有在复杂、变化的环境中自适应的能力。例如，机械手在一定范围内抓取和移动工件，摄像机利用动态图像识别与跟踪算法，跟踪被移动工件，始终保证其处于视野的正中位置。

4. 在医学中的应用
在医学领域，机器视觉用于辅助医生进行医学影像的分析，主要利用数字图像处理技术、信息融合技术对 X 射线透视图、核磁共振图像、CT 图像进行适当叠加，然后进行综合分析；还可以对其他医学影像数据进行统计和分析，如利用数字图像的边缘提取与图像分割技术，自动完成细胞个数的计数或统计，这样不仅节省了人力，而且大大提高了准确率和效率。

5. 其他方面

在闭路电视监控系统中，机器视觉技术被用于增强图像质量，捕捉突发事件，监控复杂场景，鉴别身份，跟踪可疑目标等，它能大幅度地提高监控效率，减少危险事件发生的概率。在交通管理系统中，机器视觉技术被用于车辆识别、调度，向交通管理与指挥系统提供相关信息。在卫星遥感系统中，机器视觉技术被用于分析各种遥感图像，进行环境监测、地理测量，根据地形、地貌的图像和图形特征，对地面目标进行自动识别、理解和分类等。

实践任务 工业机器人常见传感器辨识

任务目标

（1）辨识了解各种传感器的类型及其功能。
（2）寻找某工业机器人的传感器，说明其名称及作用。

任务描述

学完本项目内容之后，教师可以带领学生走进学校的工业机器人实训室或校外企业实训基地。教师首先对学校的工业机器人实训室或校外企业实训基地的设备进行简要介绍，并说明进入场地的任务要求，还要特别强调安全注意事项。按小组准备各种类型的传感器，要求学生分小组辨识各种传感器的类型和应用。

任务准备

1. 小组分工

根据班级规模将学生分成若干个小组，每组以 5 ~ 6 人为宜，并事先讨论推荐 1 人为小组长，负责制订本组工作的计划并组织实施及讨论汇总和统一协调；选出 1 人对本小组工作情况进行汇报交流。每组填写本小组成员的分工安排表（表 5-1）。

表 5-1 本小组成员的分工安排表

小组长	汇报人	成员 1	成员 2	成员 3	成员 4

2. 工量具、文具材料准备

根据工作任务需求，每个小组需要准备工量具、文具、材料等，凡属借用实训室的，在完成工作任务后应该及时归还。工作任务准备清单见表5-2。

表5-2　工作任务准备清单

序号	名称	规格型号	单位	数量	是否自备	申领（借用人）

任务计划（决策）

根据小组讨论内容，以框图的形式展示并说明观察工业机器人各类传感器的顺序，将观察传感器的顺序绘制在下面的框内。

观察顺序：

任务实施

1. 查询各种类型的传感器

根据教师提供的各种类型传感器，结合所学知识，并通过查询文献、网络搜索等方法收集这些传感器的信息。将它们的类型、基本原理、特点及适用范围填入表5-3。

表5-3　传感器信息

名称	类型	基本原理	特点	适用范围

2. 观察工业机器人各类传感器的作用

将观察到的工业机器人各类传感器的作用填入表 5-4。

表 5-4　工业机器人各类传感器的作用

序号	传感器名称	作用

任务检查（评价）

（1）各小组汇报人进行任务完成情况展示，并说明过程。

（2）小组其他人员补充。

（3）其他小组成员提出建议。

（4）填写评价表。任务检查评价见表 5-5。

表 5-5　任务检查评价

小组名称：				小组成员：			
评价项目	评价指标	权重	小组自评	组间互评	教师评价	得分
职业素养	1. 遵守实训室规章制度； 2. 按时完成工作任务； 3. 积极主动地承担工作任务； 4. 注意人身安全和设备安全； 5. 遵守"6S"规则； 6. 发挥团队协作精神，专心、精益求精	30				
专业能力	1. 工作准备充分； 2. 说明传感器正确、齐全； 3. 说明传感器作用完整、正确	50				
创新能力	1. 方案计划可行性强； 2. 提出自己的独到见解及其他创新	20				
合计	100					
评价意见						

任务拓展

通过文献、网络资源搜寻某生产线上工业机器人，并绘图说明该生产线上传感器的种类及作用。

思考练习题

一、填空题

1. 根据传感器在系统中的作用来划分，工业机器人的传感器可分为_____和_____。

2. 按照接收器接收光的方式的不同，光电接近开关可分为_____、_____、_____3种。

3. 最典型的机器视觉应用系统包括_____、_____、_____、_____、_____、_____、_____等。

二、选择题

1. 传感器能检测到最小输入增量的性能指标是（   ）。

  A．灵敏度　　　　　B．分辨率　　　　　C．精确度　　　　　D．线性度

2. 电感式接近传感器可以利用电涡流原理检测出（   ）的靠近。

  A．人体　　　　　　B．水　　　　　　　C．金属物体　　　　D．塑料物体

3. 超声波是人耳听不见的一种机械波，其频率在（   ）kHz以上。

  A．5　　　　　　　　B．10　　　　　　　C．15　　　　　　　D．20

4. 下列不属于工业机器人外部传感器的是（   ）。

  A．视觉传感器　　　B．接近觉传感器　　C．触觉传感器　　　D．位置传感器

三、判断题

1. 位置传感器是用来感受被测物的位置并将其转换成可用输出信号的传感器，主要用来检测位置，反映某种状态的开、关。　　　　　　　　　　　　　　　（   ）

2. 触觉传感器属于工业机器人内部传感器。　　　　　　　　　　　　（   ）

3. 力觉是指对工业机器人的指、肢和关节等运动中所受力或力矩的感知。　（   ）

4. 速度传感器是一种机器人内部传感器，它是闭环控制系统不可缺少的组成部分，用于测量机器人关节的运动速度。　　　　　　　　　　　　　　　　（   ）

四、简答题

1. 工业机器人对传感器的选用原则有哪些？

2. 采用机器视觉系统，工业机器人将具有哪些优势？

项目 6　工业机器人编程

【项目介绍】

本项目主要介绍了工业机器人编程要求与语言类型，包括动作级、对象级和任务级 3 类编程语言；工业机器人编程方式，包括顺序控制形式、示教编程、离线编程；工业机器人常用编程语言，包括 AL 语言、LUNA 语言、Autopass 语言、RAPT 语言及其特征。说明了机器人示教器的各项功能。

【学习目标】

知识目标

1. 掌握工业机器人编程语言类型特点和编程方式；
2. 掌握 AL 语言、LUNA 语言、Autopass 语言、RAPT 语言机器特点；
3. 掌握 ABB 工业机器人示教器的各项功能。

能力目标

1. 能够初步使用 AL 语言、LUNA 语言、Autopass 语言、RAPT 语言进行简单的编程；
2. 能够用示教器编写简单的移动指令。

素质目标

1. 遵守实训室规章制度；
2. 按时完成工作任务；
3. 积极主动地承担工作任务；
4. 注意人身安全和设备安全；
5. 遵守"6S"规则；
6. 发挥团队协作精神，专心、精益求精。

【知识链接】

6.1　工业机器人编程要求与语言类型

目前，工业机器人常用的编程方法有示教编程和离线编程两种。一般在调试阶段，可以通过示教器对编译好的程序进行逐步执行、检查、修正，等程序完全调试成功后，即可正式投入使用。不管使用何种语言，机器人编程过程都要求能够通过语言进行程序的编译，能够把机器人的源程序转换成机器码，以便机器人控制系统能直接读取和执行。通过本节内容的学习，能够掌握工业机器人编程要求，以及动作级、对象级和任务级 3 类编程语言的特点。

6.1.1　工业机器人编程要求

1. 能够建立世界坐标系

在进行机器人编程时，需要描述物体在三维空间内的运动方式，因此要给机器人及其相关物体建立一个基础坐标系。这个坐标系与大地相连，也称世界坐标系。为了方便机器人工作，也可以建立其他坐标系，但需要同时建立这些坐标系与世界坐标系的变换关系。机器人编程系统应具有在各种坐标系下描述物体位姿的能力和建模能力。

2. 能够描述机器人作业

机器人作业的描述与其环境模型密切相关，编程语言水平决定了描述水平。现有的机器人语言需要给出作业顺序，由语法和词法定义输入语句，并由它描述整个作业过程。例如，装配作业可描述为世界模型的一系列状态，这些状态可由工作空间内所有物体的位姿给定。这些位姿也可以利用物体间的空间关系来说明。

3. 能够描述机器人运动

描述机器人需要进行的运动是机器人编程语言的基本功能之一。用户能够运用语言中的运动语句，与路径规划器连接，允许用户规定路径上的点及目标点，决定是否采用点插补运动或直线运动，用户还可以控制运动速度或运动持续时间。

4. 允许用户规定执行流程

同一般的计算机编程语言一样，机器人编程系统允许用户规定执行流程，包括转移、循环、调用子程序、中断及程序试运行等。

5. 具有良好的编程环境

同计算机系统一样，一个好的编程环境有助于提高程序员的工作效率。大多数机器人编程语言含有中断功能，以便能够在程序开发和调试过程中每次只执行一条单独语句。好的编程系统应具有下列功能：

（1）在线修改和重启功能。机器人在作业时需要执行复杂的动作和花费较长的执行时间，当任务在某一阶段失败后，从头开始运行程序并不总是可行的，因此需要编程软件或系统必须有在线修改程序和随时重新启动的功能。

（2）传感器输出和程序追踪功能。因为机器人和环境之间的实时相互作用常常不能重复，因此编程系统应能随着程序追踪和记录传感器的输入 / 输出值。

（3）仿真功能。可以在没有机器人实体和工作环境的情况下进行不同任务程序的模拟调试。

6. 需要人机接口和综合传感信号

在编程和作业过程中，应便于人与机器人之间进行信息交换，以便工业机器人在运动出现故障时能够及时进行处理，以确保作业安全。而且随着作业环境和作业内容复杂程度的增加，需要有功能强大的人机接口。

6.1.2　工业机器人语言类型

伴随着机器人的发展，机器人语言也得到了不断发展和完善。早期的机器人由于功能单一，动作简单，可采用固定程序或示教方式来控制机器人的运动。随着机器人作业动作的多样化和作业环境的复杂化，依靠固定的程序或示教方式已经满足不了要求，必须依靠能适应作业和环境随时变化的机器人语言来完成机器人编程工作。

目前，工业机器人按照作业描述水平的高低分为动作级、对象级和任务级 3 类。

1. 动作级编程语言

动作级编程语言是最低一级的机器人语言。它以机器人的运动描述为主。通常一条指令对应机器人的一个动作，表示从机器人的一个位姿运动到另一个位姿。

动作级编程语言的优点是比较简单，编程容易。其缺点是功能有限，无法进行繁复的数学运算，不能接收复杂的传感器信息，只能接收传感器开关信息；与计算机的通信能力很差。

典型的动作级编程语言是美国 Unimation 公司于 1979 年推出的一种机器人编程语言，主要配置在 PUMA 和 Unimation 等机器人上。例如，"MOVE TO<destination>"命令的含义为机器人从当前位姿运动到目的位姿。

动作级编程又可以分为关节级编程和末端执行器级编程两种动作编程。

（1）关节级编程。关节级编程是以机器人的关节为对象，编程时给出机器人一系列各关节位置的时间序列，在关节坐标系中进行的一种编程方法。对于直角坐标型机器人和圆柱坐标型机器人，由于直角关节和圆柱关节的表示比较简单，这种编程方法较为适用；而对于具有回转关节的关节机器人，由于关节位置的时间序列表示困难，即使一个简单的动作也要经过许多复杂的运算，故这一方法并不适用。

关节级编程可以通过简单的编程指令来实现，也可以通过示教器示教和键入示教实现。

（2）末端执行器级编程。末端执行器级编程在机器人作业空间的直角坐标系中进行。在此直角坐标系中给出机器人末端执行器一系列位姿和组成位姿的时间序列，连同其他一些辅助功能（如力觉、触觉、视觉等）的时间序列，同时确定作业量、作业工具等，协调地进行机器人动作的控制。

这种编程方法允许有简单的条件分支，有感知功能，可以选择和设定工具，有时还有并行功能，数据实时处理能力强。

2. 对象级编程语言

对象级编程语言是描述操作对象即作业物体本身动作的语言。它不需要描述机器人手爪的运动，只要由编程人员用程序的形式给出作业本身顺序过程的描述和环境模型的描述，即描述操作物与操作物之间的关系，通过编译程序机器人就能知道如何动作。

对象级编程语言典型的例子有 IBM 公司的 AML、Autopass 等语言。对象级编程语言是比动作级编程语言高一级的编程语言，除具有动作级编程语言的全部动作功能外，还具有以下特点。

（1）较强感知能力。除能处理复杂的传感器信息外，还可以利用传感器信息来修改、更新环境的描述和模型，也可以利用传感器信息进行控制、测试和监督。

（2）良好的开放性。对象级编程语言系统为用户提供了开发平台，用户可以根据需要增加指令，扩展语言功能。

（3）较强的数字计算和数据处理能力。对象级编程语言可以处理浮点数，能与计算机进行即时通信。

3. 任务级编程语言

任务级编程语言是比前两类更高级的一种语言，也是最理想的机器人高级语言。这类语言不需要用机器人的动作来描述作业任务，也不需要描述机器人对象物的中间状态过程，只需要按照某种规则描述机器人对象物的初始状态和最终目标状态，机器人语言系统即可利用已有的环境信息和知识库、数据库自动进行推理、计算，从而自动生成机器人详细的动作、顺序和数据。例如，一台生产线上的装配机器人欲完成轴和轴承的装配，轴承的初始位置和装配后的目标位置已知。当发出抓取轴承的命令时，机器人在初始位置处选择恰当的姿态抓取轴承，语言系统在初始位置和目标位置之间寻找路径，在复杂的作业环境中找出一条不会与周围障碍物产生碰撞的合适路径，沿此路径运动到目标位置。在此过程中，作业中间状态、作业方案的设计、工序的选择、动作的前后安排等一系列问题都由计算机自动完成。

任务级编程语言的结构十分复杂，需要人工智能的理论基础和大型知识库、数据库的支持，目前还不是十分完善，是一种理想状态下的语言，有待进一步研究。但可以相信，随着人工智能技术及数据库技术的不断发展，任务级编程语言必将取代其他语言而成为机器人语言的主流，使机器人的编程应用变得十分简单。

6.2　工业机器人编程方式

由于机器人的控制装置和作业要求多种多样，国内外尚未制定统一的机器人控制代码标准，所以编程语言也是多种多样的，目前在工业生产中应用的机器人编程方式主要包括顺序控制形式、示教编程、离线编程三种形式。通过本节内容的学习，能够清楚顺序控制形式、示教编程、离线编程三种编程方式各自的特点。

6.2.1　顺序控制形式

顺序控制形式主要应作用于程控型机器人，即按预先要求的顺序及条

创建工业机器人
仿真工作站

115

件，依次控制机器人的机械动作，所以又叫作物理设置编程系统。由操作者设置固定的限位开关，实现启动、停车的程序操作，只能用于简单的拾起和放置作业。

在顺序控制的机器人中，所有的控制都是由机械的或电气的顺序控制器实现的。按照定义，这里没有程序设计的要求，因此，也就不存在编程方式。

顺序控制的灵活性小，这是因为所有的工作过程都已事先组织好，或由机械挡块控制，或由其他确定的办法控制。大量的自动机都是在顺序控制下操作的。这种方法的主要优点是成本低，易于控制和操作。

6.2.2　示教编程

常用的离线
编程软件

示教编程是目前大多数工业机器人的编程方式，在机器人作业现场进行。所谓示教编程，即操作者根据机器人作业的需要把机器人末端执行器送到目标位置，并且处于相应的姿态，然后把这一位置、姿态所对应的关节角度信息记录到存储器。对机器人作业空间的各点重复以上操作，就能把整个作业过程记录下来，再通过适当的软件系统，自动生成整个作业过程的程序代码，这个过程就是示教过程。

机器人示教后可以立即应用，当再现时，机器人重复示教时存入存储器的轨迹和各种操作，如果需要，过程可以重复多次。机器人实际作业时，再现示教时的作业操作步骤就能完成预定工作。机器人示教产生的程序代码与机器人编程语言的程序指令形式非常类似。

（1）示教编程的优点：操作简单，不需要环境模型；易于掌握，操作者不需要具备专业知识，不需要复杂的装置和设备，轨迹修改方便，再现过程快；对实际的机器人进行示教时，可以修正机械结构带来的误差。

（2）示教编程的缺点：功能编辑比较困难，难以使用传感器，难以表现条件分支，对实际的机器人进行示教时，要占用机器人。

工业机器人的
编程方式

示教编程在一些简单、重复、轨迹或定位精度要求不高的作业中经常被应用，如焊接、堆垛、喷涂及搬运等作业。

6.2.3　离线编程

工业机器人离线编
程的特点及应用

离线编程是在专门的软件环境支持下用专用或通用程序在离线情况下进行机器人轨迹规划编程的一种方法。离线编程程序通过支持软件的解释或编译产生目标程序代码，最后生成机器人路径规划数据。一些离线编程系统带有仿真功能，这使得在编程时就解决了障碍干涉和路径优化问题。这种编程方法与数控机床中编制数控加工程序非常类似。离线编程的发展方向是自动编程。

离线编程有以下几个方面的优点。

（1）编程时可以不使用机器人，可腾出机器人去做其他工作。

（2）可预先优化操作方案和运行周期。

（3）之前操作的过程或子程序可结合到待编的程序中去。

（4）可用传感器探测外部信息，从而使机器人做出相应的响应，这种响应使机器人可以在自适应的方式下工作。

（5）控制功能中可以包含现有的计算机辅助设计（CAD）和计算机辅助制造（CAM）的信息。

（6）可以用预先运行程序来模拟实际运动，从而不会出现危险。利用图形仿真技术，可以在屏幕上模拟机器人运动来辅助编程。

（7）对不同的工作目的，只需要替换一部分待定的程序。

在非自适应系统中，没有外界环境的反馈，仅有的输入是各关节传感器的测量值，因此可以使用简单的程序设计手段。

6.3　工业机器人常用编程语言

工业机器人编程语言是一种程序描述语言，它能十分简洁地描述工作环境和机器人动作，能把复杂的操作内容通过尽可能简单的程序来实现。通过本节内容的学习，能够掌握AL 语言、LUNA 语言、Autopass 语言、RAPT 语言及其特征，并能够使用这些语言进行简单的编程。

6.3.1　常用编程语言概述

自发明机器人以来，用于记录人与机器人之间信息交换的专用语言也在不断地更新和发展。世界上第一种机器人语言是美国斯坦福大学于 1973 年研制的 WAVE 语言。WAVE语言是一种机器人动作级语言，它主要用于机器人的动作描述，辅助视觉传感器进行机器人的手、眼协调控制。此后，随着世界各国对机器人研究的不断深入，不同种类的机器人语言也不断出现。到目前为止，国内外主要的机器人语言大概有 24 种，见表 6-1。

表 6-1　国内外主要的机器人语言

序号	语言名称	国家	研究单位	备注
1	AL	美国	Stanford Artificial Intelligence Laboratory	机器人动作及对象物描述，是目前机器人语言研究的基础
2	WAVE	美国	Stanford Artificial Intelligence Laboratory	操作器控制符号语言
3	DIAL	美国	Charles Stark Draper Laboratory	具有 RCC 顺应性手腕控制的特殊指令
4	LM	美国	Artificial Intelligence Group of IMAG	类似 PASCAL，数据类似 AL。用于装配机器人（用 LS11/3 微型机）
5	ROBEX	美国	Machine Tool Laboratory TH Archen	与高级 NC 语言 EXAPT 具有相似结构的脱机编程语言
6	Autopass	美国	IBM	组装机器人用语言
7	LAMA-S	美国	MIT	高级机器人语言

序号	语言名称	国家	研究单位	备注
8	VAL	美国	Unimation 公司	用于 PUMA 机器人（采用 MC6800 和 DECLSI-11 高级微型机）
9	RLAL	美国	Automatic 公司	用视觉传感器检查零件时用的机器人语言
10	RPL	美国	Stanford Research Institute International	可与 Unimation 机器人操作程序结合，预先定义子程序库
11	REACH	美国	Bendix Corporation	适于两臂协调动作，和 VAL 一样是使用范围较广的语言
12	MCL	美国	McDonnell Douglas Corporation	编程机器人、机床传感器、摄像机及其控制的计算机综合制造用语言
13	INDA	美国	SRI International and Philips	相当于 RTL/2 编程语言的子集，具有使用方便的处理系统
14	RAPT	美国	University of Edinburgh	类似 NC 语言 APT（用 DEC20、LS111/2 微型机）
15	SIGLA	美国	Olivetti 公司	SIGMA 机器人语言
16	MAL	美国	Milan Polytechnic	两臂机器人装配语言，其特征是方便、易于编程
17	SERF	美国	三协精机	用于 SKILAM 装配机器人（用 Z-80 微型机）
18	PLAW	美国	小松制作所	用于 RW 系列弧焊机器人
19	IML	美国	九州大学	动作级机器人语言
20	KAREL Robot Studio	日本	FANUC	发那科研发的用于点焊、涂胶、搬运等工业用途的编程语言
21	RAPID	瑞典	ABB	ABB 公司用于 ICR5 控制器示教器的编程语言
22	Robot Studio	美国	Microsoft	微软公司开发的多语言、可视化编程与仿真语言
23	INFORM	日本	YASKAWA	日本安川开发的机器人编程语言
24	KUKA	德国	KRL KUKA Robot Language	德国库卡公司独立设计的高级编程语言

6.3.2　AL 语言

AL 语言是一种高级程序设计系统，描述诸如装配一类的任务。它有类似 ALCOL 的源语言，有将程序转换为机器代码的编译程序和有控制操作机械手和其他设备的实时系统。编译程序是由斯坦福大学人工智能实验室用高级语言编写的，在小型计算机上实时运行。近年来该程序已能够在微型计算机上运行。

工业机器人的常用指令

AL 语言对其他语言有很大的影响，在一般机器人语言中起主导作用。该语言是由斯坦福大学于 1974 年开发的。

许多子程序和条件检测语句提高了该语言的力传感和柔顺控制能力。当一个进程需要等待另一个进程完成时，可使用适当的信号语句和等待语句。这些语句和其他的一些语句使对两个或两个以上的机器人臂进行坐标控制成为可能。利用手和手臂运动控制命令可控制位移、速度、力和力矩。使用 AFFIX 命令可以把两个或两个以上的物体当作一个物体来处理，这些命令使多个物体作为一个物体出现。

1. **变量的表达及特征**

AL 变量的基本类型有标量（SCALAR）、矢量（VECTOR）、旋转（ROT）、坐标系（FRAME）和变换（TRANS）。

（1）标量。标量与计算机语言中的实数一样，是浮点数，它可以进行加、减、乘、除和指数 5 种运算，也可以进行三角函数和自然对数的变换。AL 中的标量可以表示时间（TIME）、距离（DISTANCE）、角度（ANGLE）、力（FORCE）或它们的组合，并可以处理这些变量的量纲，即秒（sec）、英寸（inch）、度（deg）、盎司（ounce）等。在 AL 中有几个事先定义过的标量：

```
PI: 3.14159, TRUE=1, FALSE=0。
```

（2）矢量。矢量由一个三元实数（x, y, z）构成，它表示对应于某坐标系的平移和位置之类的量。与标量一样它们可以是有量纲的。利用 VECTOR 函数，可以由 3 个标量表达式来构造矢量。

在 AL 中有几个事先定义过的矢量：

```
xhat<-VECTOR(1,0,0);
yhat<-VECTOR(0,1,0);
zhat<-VECTOR(0,0,1);
milvect<-VECTOR(0,0,0)
```

矢量可以进行加、减、点积，以及与标量相乘、相除等运算。

（3）旋转。旋转表示绕一个轴旋转，用以表示姿态。旋转用函数 ROT 来构造。ROT 函数有两个参数：一个表示旋转轴，用矢量表示；另一个表示旋转角度。旋转规则按右手法则进行。此外，X 函数 AXI（X）表示求取 x 的旋转轴，而 |X| * MERGEFORMAT 则表示求取 x 的旋转角。

AL 中有一个事先说明过的旋转，称之为 nilrot，定义为 ROT(that,0*deg)。

（4）坐标系。坐标系可通过调用函数 FRAME 来构成。该函数有两个参数：一个表示姿态的旋转；另一个表示位置的距离矢量。AL 中定义 STATION 代表工作间的基准坐标系。对于在某一坐标系中描述的矢量，可以用矢量 WRT 坐标系的形式来表示（WRT：With Respect To）。如 xhat WRT beam，表示在世界坐标系中构造一个与坐标系 beam 中的 xhat 具有相同方向的矢量。

（5）变换。TRANS 型变量用来进行坐标系间的变换。与 FRAME 一样，TRANS 包括两部分：一个旋转和一个向量。执行时，先与相对于作业空间的基准坐标系旋转部分相乘，然后加上向量部分。当算术运算符"<-"作用于两个坐标系时，是指把第一个坐标系的原点移到第二个坐标系的原点，再经过旋转使其轴一致。

因此可以看出，描述第一个坐标系相对于基准坐标系的过程，可通过对基准坐标系右乘一个 TRANS 来实现。

```
T6<-base*TRANS(ROT(X,180*deg),VECTOR(15,0,0)*inches);
```

（建立坐标系 T6，其 z 轴绕 base 坐标系的 x 轴旋转 180°，原点距 base 坐标系原点(15,0,0)in 处）。

```
E<-T6*TRANS(nilrot,VECTOR(0,0,5)*inches);
```

（建立坐标系 E，其 z 轴平行于 T6 坐标系的 z 轴，原点距 T6 坐标系原点 (0,0,5)in 处）。

```
Bolt-tip<-feeder*TRANS(nilrot,VECTOR(0,0,1)*inches);
Beam-bore<-beam*TRANS(nilrot,VECTOR(0,2,3)*inches);
```

2. 主要语句及其功能

MOVE 语句用来表示机器人由初始位置和姿态到目标位置和姿态的运动。在 AL 中，定义了 barm 为蓝色机械手，yarm 为黄色机械手。为了保证两台机械手在不使用时能处于平衡状态，AL 定义了相应的停放位置 bpark 和 ypark。

假定机械手在任意位置，可把它运动到停放位置，所用的语句是：

```
MOVE barm TO bpark;
```

如果要求在 4 s 内把机械手移到停放位置，所用指令：

```
MOVE barm TO bpark WITH DURATION=4*seconds;
```

符号 "@" 可用在语句中，表示当前位置，如：

```
MOVE barm To @-2 zhat inches;
```

该指令表示机械手从当前位置向下移动 2 in。由此可以看出，基本的 MOVE 语句具有如下形式：

```
MOVE< 机械手 >TO< 目的地 > 修饰句子 >;
```

例如：

```
MOVE barm TO <destination>VIA f1 f2 f3;
```

表示机械手经过中间点 f_1、f_2、f_3 移动到目标坐标系 <destination>。

```
MOVE barm TO block WITH APPROACH=3*zhat*inches;
```

表示把机械手移动到 z 轴方向上离 block 3 in 的地方；如果用 DEPARTURE 代替 APPROACH，则表示离开 block。关于接近点 / 退避点可以用设定坐标系的一个矢量来表示，如：

```
WITH APPROACH=< 表达式 >;
WITH DEPARTURE=< 表达式 >;
```

3. AL 程序设计举例

用 AL 编制机器人把螺栓插入其中一个孔内的作业。这个作业需要把机器人移至料斗上方 A 点，抓取螺栓，经过 B 点、C 点，再把它移至导板孔上方 D 点，并把螺栓插在其中一个孔内。

编制这个程序采取的步骤如下。

（1）定义机座、导板、料斗、导板孔、螺栓柄等的位置和姿态。

（2）把装配作业划分为一系列动作，如移动机器人、抓取物体和完成插入等。

（3）加入传感器以发现异常情况和监视装配作业的过程。

（4）重复步骤（1）～（3），调试改进程序。

按照上面的步骤

```
BEGIN insertion
{设置变量}
bolt-diameter<-0.5*inches;
bolt-height<-1*inches;
Tries<-0;
Grasped<-false;
{定义机座坐标系}
beam<-FRAME(ROT(Z,90*deg),VECTOR(20,15,0)*inches);
Feeder<-FRAME(nilrot,VECTOR(25,20,0)*inches);
{定义特征坐标系}
bolt<-grasp<-feeder*TRANS(nilrot,nilvect);
Bolt-tip<-bolt-grasp*TRANS(nilrot,VECTOR(0,0,0.5)*inches);
Beam-bore<-beam*TRANS(nilrot,VECTOR(0,0,1)*inches);
{定义经过的坐标系}
A<-feeder*TRANS(nilrot,VECTOR(0,0,5)*inches);
B<-feeder*TRANS(nilrot,VECTOR(0,0,8)*inches);
C<-beam-bore*TRANS(nilrot,TRANS(nilrot,VECTOR(0,0,5)*inches));
D<-beam-bore*TRANS(nilrot,TRANS(nilrot,bolt-height*Z));
{张开手爪}
OPEN bhand TO bolt-diameter+1*inches;
{使手准确定位于螺栓上方}
MOVE barm TO bolt-grasp VIA A;
WITH APPROACH=-Z WRT feeder;
{试着抓取螺栓}
DO
CLOSE bhand TO 0.9*bolt-diameter;
```

```
IF bhand<bolt-diameter THEN BEGIN;
{抓取螺栓失败，再试一次}
OPEN bhand TO bolt-diameter+1*inches;
MOVE barm TO @-1*Z*inches;
END ELSE grasped<-TRUE;
Tries<-tries+1;
UNTIL grasped OP(tries>3);
{如果尝试3次未能抓取螺栓，则取消这一动作}
IF NOT grasped THEN ABORT;{抓取螺栓失败}
{将手臂运动到B位置}
MOVE bram TO B VIA A;
WITH DEPARTURE=Z WRT feeder;
{将手臂运动到D位置}
MOVE barm TO D VIA C;
WITH DEPARTURE=-Z WRT beam-bore;
{检验是否有孔}
MOVE barm TO beam-bore DIRECTLY;
WITH FORCE(z)=-10*ounce;
WITH FORCE(y)=0*ounce;
WITH FORCE(x)=0*ounce;
WITH DURATION=5*seconds;
END insertion;
```

6.3.3　LUNA 语言

LUNA 语言是日本索尼（SONY）公司开发的用于控制 SRX 系列 SCARA 平面关节性型机器人的一种特有的语言。LUNA 语言具有与 BASIC 相似的语法，它是在 BASIC 语言基础上开发出来的，而且增加了能描述 SRX 系列机器人特有功能的语句。该语言简单易学，是一种着眼于末端操作动作的动作语言。

1.　语言概要

LUNA 语言使用的数据类型有标量（整数或实数）、由 4 个标量组成的矢量，它用直角坐标系（$O-XYZ$）来描述机器人和目标物体的姿态，使人易于理解，而且坐标系与机器人的结构无关。LUNA 语言的命令以指令形式给出，由解释程序来解释。指令又可以分为系统提供的基本指令和由使用者基本指令定义的用户指令。

2.　往返操作的描述

在机器人的操作中，很多基本动作都是有规律的往返动作。机器人末端执行器由 A 点移动到 B 点和 C 点，用 LUNA 语言来编制程序如下：

```
10 DO PA PB PC;

GO 10
```

可见，用 LUNA 语言可以极为简便地编制动作程序。

6.3.4　Autopass 语言

通过对象物状态的变化给出大概的描述，将机器人的工作程序化的语言称为对象级语言。

Autopass、LUNA、RAPT 等都属于这一级语言。Autopass 是 IBM 公司属下的一个研究所提出来的机器人语言，它是针对所描述机器人操作的语言。程序把工作的全部规划分解成放置部件、插入部件等宏功能状态变化指令来描述。Autopass 的编译，是用叫作环境模型的数据库，一边模拟工作执行时环境的变化，一边决定详细动作，做出对机器人的工作指令和数据。Autopass 的指令分为如下 4 组。

（1）状态变更语句：PLACE、INSERT、EXTRACT、LIFT、LOWER、SLIDE、PUSH、ORIENT、TURN、GRASP、RELEASE、MOVE。

（2）工具语句：OPERATE、CLUMP、LOAP、UNLOAD、FETCH、REPLACE、SWITCH、LOCK、UNLOCK。

（3）紧固语句：ATTACH、DRIVE-IN、RIVET、FASTEN、UNFASTEN。

（4）其他语句：VERIFY、OPEN-STATE-OF、CLOSED-STATE-OF、NAME、END。

例如，对于 PLACE 的描述语法如下：

```
PLACE<object><preposition phrase><object>

<grasping phrase><final condition phrase>

<constraint phrase><then hold>
```

其中，<object> 是对象名；<preposition phrase> 表示 ON 或 IN 那样的对象物间的关系；<preposition phrase> 提供对象物的位置和姿态、抓取方式等；<constraint phrase> 是末端执行器的位置、方向、力、时间、速度、加速度等约束条件的描述选择；<then hold> 表示机器人保持现有位置。下面是 Autopass 程序示例，可见这种程序的描述很易懂。但是该语言在技术上仍有很多问题没有解决。

```
1.OPERATE nutfeeder WITH car-ret-tab-nut AT fixture.nest

2.PLACE bracker IN fixture RUCH THAT

3.PLACE interlock ON bracket RUCH THAT

Interlock.hole IS ALLGNED WITH bracket.TOP

4.DRIVE IN car-ret-intlk-stud INTO car-ret-tab-nut

AT interlock.hole

SUCH THAT TORQUE is EQ 12.0 IN-LBS USING-air-driver

ATTACHING bracket AND interlock
```

5.NAME bracket interlock car-ret-intlk-stud car-ret-tab-nut
ASSEMBLY support-bracket

6.3.5　RAPT 语言及其特征

RAPT 语言是英国爱丁堡大学开发的实验用机器人语言，它的语法基础源于著名的数控语言 APT。

RAPT 语言可以详细地描述对象物的状态和各对象物之间的关系，能指定一些动作来实现各种结合关系，还能自动计算出机器人手臂实现这些操作的动作参数。由此可见，RAPT 语言是一种典型的对象级语言。

RAPT 语言中，对象物可以用一些特定的面来描述，这些特定的面是由平面、直线、点等基本元素定义的。如果物体上有孔或凸起物，那么在描述对象物时要明确说明，此外，还要说明各个组成面之间的关系（平行、相交）及两个对象物之间的关系。如果能给出基准坐标系、对象物坐标系、各组成面坐标系的定义及各坐标系之间的变换公式，则PART 语言能够自动计算出使对象物结合起来所必需的动作参数。这是 RAPT 语言的一大特征。

为了简便起见，讨论的物体只限于平面、圆孔和圆柱，操作内容只限于把两个物体装配起来。假设要组装的部件都是由数控机床加工出来的，具有某种通用性。

部件可以由下面这种程序块来描述：

BODY/< 部件名 >;
< 定义部件的说明 >
TERBODY

其中，部件名采用数控机床 APT 语言中使用的符号；说明部分可以用 APT 语言来说明，也可以用平面、轴、孔、点、线、圆等部件的特征来说明。

平面的描述有下面两种：

FACE/< 线 >, < 方向 >;
FACE/HORIZONTAL<Z 轴的坐标系 >, < 方向 >;

其中，第一种形式用于描述与 z 轴平行的平面，< 线 > 是由两个 < 点 > 定义的，也可以用一个 < 点 > 和与某个 < 线 > 平行或垂直的关系来定义，而 < 点 > 由 (x, y, z) 坐标值给出；< 方向 > 是指平面的法线方向，法线方向总是指向物体外部。描述法线方向的符号只有 XLARGE、XSMALL、YSMALL。例如，XLARGE 表示在含有 < 线 > 并与 xy 平面垂直的平面中，取其法线矢量在 x 轴上的分量与 x 轴正方向一致的平面。那么给定一个线和一个法线矢量，就可以确定一个平面。第二种形式用来描述与 z 轴垂直的平面和与 z 轴相交点的坐标值，其法线矢量的方向用 ZLARGE 或 ZSMALL 来表示。

轴和孔也有类似的描述：

SHAFT 或 HOLE/<圆>,<方向>;

SHAFT 或 HOLE/AXIS,<线>RADIUS<数>,<方向>;

前者用一个圆和轴线方向给定。<圆>的定义方法为

CIRCLE/CENTER<点>,RADIUS<数>;

其中，<点>为圆心坐标，RADIUS<数>表示半径值。例如：

C1=CIRCLE/CENTER,P5,RADIUS,R;

式中，C1 表示一个圆，其圆心在 P5 处，半径为 R。

HOLE/<圆>,<方向>;

表示一个轴线与 z 轴平行的圆孔，圆孔的大小与位置由 <圆> 指定，其外向方向由 <方向> 指定（ZLARGE 或 ZSMALL）。

与 z 轴垂直的孔则用下述语句表示：

HOLE/AXIS<线>,RADIUS<数>,<方向>;

其中，孔的轴线由 <线> 指定，半径由 <数> 指定，外向方向由 <方向> 指定（XLARGE、XSMALL、YLARGE 或 YSMALL）。

由上面一些基本元素可以定义部件，并给它起个名字。部件一旦被定义，它就和基本元素一样，可以独立地或与其他元素结合再定义新的部件。被定义的部件，只要改变其数值，便可以描述同类型的尺寸不同的部件。因此，这种定义方法具有通用性，在软件中称为可扩展性。

例如，一个具有两个孔的立方体可以用下面的程序来定义：

```
BLOCK=MARCO/BXYZR;
BODY/B;
P1=POINT/0,0,0;                          定义 6 个点
P2=POINT/X,0,0;
P3=POINT/0,Y,0;
P4=POINT/0,0,Z;
P5=POINT/X/4,Y/2,0;
P6=POINT/X-X/4,Y/2,0;
C1=CIRCLE/CENTER,P5,RADIUS,R;            定义两个圆
C2=CIRCLE/CENTER,P6,RADIUS,R;
L1=LINE/P1,P2;                           定义 4 条直线
L2=LINE/P1,P3;
L3=LINE/P3,PARALEL,L1;
```

```
L4=LINE/P2,PARALEL,L2;
BACK1=FACE/L2,XSMALL;                        定义背面
BOT1=FACE/HORIZONTAL,0,ZSMALL;               定义底面
TOP1=FACE/HORIZONTAL,Z,ZLARGE;               定义顶面
RSIDE1=FACE/LI,YSMALL;                       定义右面
LSIDE1=FACE/L3,YSMALL;                       定义顶面
HOLE1=FACE/C1,YSMALL;                        定义左孔
HOLE2=FACE/C2,YSMALL;                        定义右孔
TERBOD
RERMAC
```

程序中，BLOCK 代表部件类型，它有 5 个参数。其中，B 为部件代号，X、Y、Z 分别为空间坐标值，R 为孔半径。这里取立方体的一个顶点 P1 为坐标原点，两孔半径相同。因此，X、Y、Z 也表示立方体的 3 个边长。只要代入适当的参数，这个程序就可以当作一个指令被调用。例如，两个立方体可用下面的语句来描述：

```
CALL/BLOCK,B=B1,X=6,Y=7,Z=2,R=0.5
CALL/BLOCK,B=B2,X=6,Y=7,Z=6,R=0.5
```

显然，这种定义部件的方法简单、通用，它使语言具有良好的可扩充性。

6.4　机器人的示教器

示教器是进行机器人的手动操纵程序编写参数配置及监控的手持装置，也是最常用的机器人控制装置，本任务以 ABB 机器人示教器为例，如图 6-1 所示。通过本节内容的学习，能够掌握示教器上的按钮功能和主界面的基本操作。

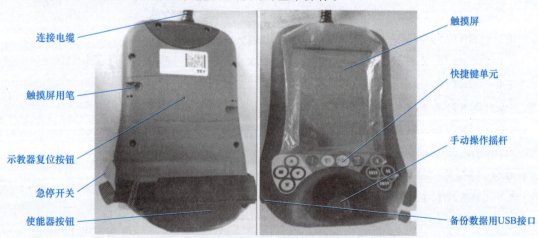

图 6-1　ABB 机器人示教器

6.4.1　示教器手持方式介绍

操作示教器时，通常需要手持该设备，习惯用右手在触摸屏上操作的人员通常左手手持该设备，习惯用左手在触摸屏上操作的人员通常右手手持该设备。右手手持该设备时可以将显示器显示方式旋转180°，以方便操作。示教器手持方式如图6-2所示。

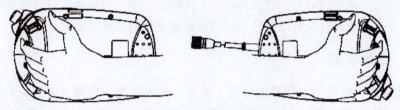

图 6-2　示教器手持方式

6.4.2　示教器按钮介绍

示教器操作键功能说明，如图6-3所示。

A ~ D	自定义功能键
E	选择机械单元
F	切换移动模式，重定向或线性
G	切换移动模式，1～3轴或4～6
H	轴切换增量
J	Step BACKWARD（步退）按钮。程序后退一步的指令
K	START（启动）按钮，开始执行程序
L	Step FORWARO（步进）按钮。程序前进一步的指令
M	STOP（停止）按钮。停止程序执行

图 6-3　示教器操作键功能说明

6.4.3　示教器主画面

示教器主画面的功能组件组成如图6-4所示。

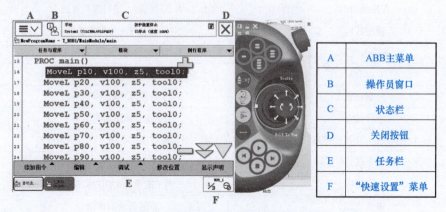

A	ABB主菜单
B	操作员窗口
C	状态栏
D	关闭按钮
E	任务栏
F	"快速设置"菜单

图 6-4　示教器主画面的功能组件组成

127

（1）主菜单：显示机器人各个功能主菜单界面。

（2）操作员窗口：机器人与操作员交互界面显示当前状态信息。

（3）关闭按钮：关闭当前窗口按钮。

（4）"快速设置"菜单：快速设置机器人功能界面，如速度、运行模式、增量等。

（5）状态栏：显示机器人当前状态，如工作模式、电动机状态、报警信息等。

（6）任务栏：当前打开界面的任务列表，最多支持打开6个界面。

6.4.4　操作界面

ABB 机器人示教器的操作界面包含了机器人参数设置、机器人编程及系统相关设置等功能。比较常用的选项包括输入输出、手动操纵、程序编辑器、程序数据、校准和控制面板等。示教器操作界面如图 6-5 所示，各选项说明见表 6-2。

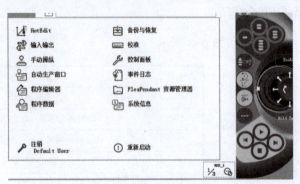

工业机器人
IO 信号配置

工业机器人工件
坐标的设定

图 6-5　示教器操作界面

表 6-2　示教器操作界面各选项说明

序号	选项名称	说明
1	HotEdit	用于对编写的程序中的点做一定的补偿
2	输入输出	用于查看并操作事件日志信号
3	手动操纵	用于查看并配置手动操作属性
4	自动生产窗口	用于自动运行时显示程序画面
5	程序编辑器	用于对机器人进行编程调试
6	程序数据	用于查看并配置变量数据
7	备份与恢复	用于对系统数据进行备份和恢复
8	校准	用于对机器人机械零点进行校准
9	控制面板	用于对系统参数进行配置
10	事件日志	用于查看系统所有事件
11	FlexPendant 资源管理器	用于对系统资源、备份文件等进行管理
12	系统信息	用于查看系统控制器属性以及硬件和软件信息
13	注销	用于退出当前用户权限
14	重新启动	重新启动示教器

6.4.5 示教器的控制面板介绍

ABB 机器人示教器的控制面板包含了对机器人和示教器进行设定的相关功能，如图 6-6 所示。

图 6-6 控制面板功能

（1）外观：可自定义显示器的亮度和设置左手或右手的操作习惯。

（2）监控：动作碰撞监控设置和执行设置。

（3）FlexPendant：示教器操作特性的设置。

（4）I/O：配置常用 I/O 列表，在输入输出选项中显示。

（5）语言：控制器当前语言的设置。

（6）ProgKeys：为指定 I/O 信号配置快捷键。

（7）日期和时间：控制器的日期和时间设置。

（8）诊断：创建诊断文件。

（9）配置：系统参数设置。

（10）触摸屏：触摸屏重新校准。

工业机器人工具
数据的设定

工业机器人转数
计数器的更新

实践任务　工业机器人的编程练习

任务目标

（1）熟练掌握 ABB 工业机器人示教器的各项功能；

（2）能够使用示教器编写简单的移动指令。

任务描述

学完本项目内容之后，教师可以带领学生走进学校的工业机器人实训室或校外企业实训基地。教师首先对学校的工业机器人实训室或校外企业实训基地的设备进行简要介绍，并说明进入场地的任务要求，还要特别强调安全注意事项。具体任务如下：

（1）各小组结合所学知识辨识ABB工业机器人示教器的各项功能，并掌握使用方法；

（2）移动指令练习。

在图6-7中，创建一个简单的程序，该程序可以让机器人在边界内移动。

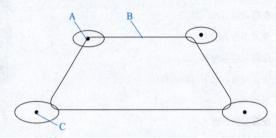

图6-7　运动路径

要求：

（1）A为第一个点；

（2）B段机器人的移动速度为$v=50$ mm/s；

（3）C区域$z=50$ mm。

任务准备

1. 小组分工

根据班级规模将学生分成若干个小组，每组以5～6人为宜，并事先讨论推荐1人为小组长，负责制订本组工作的计划并组织实施及讨论汇总和统一协调；选出1人对本小组工作情况进行汇报交流。每组填写本小组成员的分工安排（表6-3）。

表6-3　本小组成员的分工安排

小组长	汇报人	成员1	成员2	成员3	成员4

2. 工量具、文具、材料准备

根据工作任务需求，每个小组需要准备工量具、文具、材料等，凡属借用实训室的，在完成工作任务后应该及时归还。工作任务准备清单见表6-4。

表 6-4　工作任务准备清单

序号	名称	规格型号	单位	数量	是否自备	申领（借用人）

任务计划（决策）

根据小组讨论内容，以框图的形式展示并说明掌握示教器的各项功能和编制移动指令的实施策略，并绘制在下面的框内。

任务实施策略：

任务实施

1. 掌握示教器各项功能

根据教师提供的示教器，结合所学知识，通过查询文献、网络搜索等方法收集示教器的各项功能，并将其记录在表 6-5 中。

表 6-5　示教器功能信息

名称	功能

2. 使用示教器编制移动指令

将编制的移动指令填入下面的框图中。

指令：

任务检查（评价）

（1）各小组汇报人进行任务完成情况展示，并说明过程。

（2）小组其他人员补充。

（3）其他小组成员提出建议。

（4）填写评价表。任务检查评价见表6-6。

表6-6　任务检查评价

小组名称：				小组成员：			
评价项目	评价指标	权重	小组自评	组间互评	教师评价	得分
职业素养	1. 遵守实训室规章制度； 2. 按时完成工作任务； 3. 积极主动地承担工作任务； 4. 注意人身安全和设备安全； 5. 遵守"6S"规则； 6. 发挥团队协作精神，专心、精益求精	30				
专业能力	1. 工作准备充分； 2. 说明的示教器各项功能准确； 3. 编写的移动指令准确无误	50				
创新能力	1. 方案计划可行性强； 2. 提出自己的独到见解及其他创新	20				
合计		100				
评价意见						

思考练习题

一、填空题

1. 目前工业机器人常用编程方法有_____和_____两种。

2. 工业机器人按照作业描述水平的高低分为_____、_____和_____三类。

3. 在工业生产中应用的机器人编程方式主要有_____和_____。

4. 示教编程在一些简单、重复、轨迹或定位精度要求不高的作业中经常被应用，如_____、_____、_____及_____等作业。

二、选择题

1. ABB工业机器人的主电源开关在（　　）。

　　A．机器人本体上　　B．示教器上　　C．控制柜上　　D．需外接

2．机器人在（　　　）状态下无法编辑程序。

　　A．自动　　　　　　　B．手动限速　　　　　C．手动全速　　　D．A 和 C

3．在完全到达 p10 后置位输出信号 do1，则运动指令的转角半径应设为（　　　）。

　　A．z0　　　　　　　　B．fine　　　　　　　C．z10

4．在示教器的（　　　）窗口可以查看当前机器人的电动机偏移参数。

　　A．校准　　　　　　　　　　　　　　B．资源管理器

　　C．系统信息　　　　　　　　　　　　D．控制面板

三、判断题

1．在示教器中的系统信息窗口可以配置系统参数。　　　　　　　　　（　　　）

2．默认工件坐标系 wobj0 与大地坐标系相同。　　　　　　　　　　　（　　　）

3．离线编程方法最容易被操作人员掌握。　　　　　　　　　　　　　（　　　）

四、简答题

1．简述示教编程的优缺点。

2．简述离线编程的优缺点。

项目7　典型工业机器人及其应用

【项目介绍】

本项目主要介绍了目前市场上典型的工业机器人，包括装配机器人、搬运机器人、码垛机器人、焊接机器人、喷涂机器人的分类、系统组成以及它们的周边设备与工位布局。

【学习目标】

知识目标

1. 掌握装配机器人的系统组成及其分类；
2. 掌握搬运机器人的系统组成及其分类；
3. 掌握码垛机器人的系统组成及其分类；
4. 掌握焊接机器人的系统组成及其分类；
5. 掌握喷涂机器人的系统组成及其分类。

能力目标

1. 能够准确辨识某装配机器人的结构及功能；
2. 能够准确辨识某搬运机器人的结构及功能；
3. 能够准确辨识某码垛机器人的结构及功能；
4. 能够准确辨识某焊接机器人的结构及功能；
5. 能够准确辨识某喷涂机器人的结构及功能。

素质目标

1. 遵守实训室规章制度；
2. 按时完成工作任务；
3. 积极主动地承担工作任务；
4. 注意人身安全和设备安全；
5. 遵守"6S"规则；
6. 发挥团队协作精神，专心、精益求精。

【知识链接】

7.1　装配机器人及其应用

装配是产品生产的后续工序，在制造业中占有重要地位，在人力、物力、财力消耗中占有很大比例，作为一项新兴的工业技术，机器人装配应运而生。但是在机器人应用各领域中只占很小的份额。究其原因，一方面是由于装配操作本身比焊接、喷涂、搬运等复杂；另一方面，机器人装配技术目前还存在一些急需解决的问题。例如：对装配环境要求高、装配效率低、缺乏感知与自适应的控制能力，难以完成变化环境中的复杂装配工作，对于机器人的精度要求较高，否则经常出现装不上或"卡死"现象。尽管存在上述问题，但由于装配所具有的重要意义，装配领域将是未来机器人技术发展的焦点之一。

装配机器人是工业生产中用于装配生产线上对零件或部件进行装配的一类工业机器人。作为柔性自动化装配的核心设备，具有精度高、工作稳定、柔顺性好、动作迅速等优点。归纳起来，装配机器人主要有以下优点：

（1）操作速度快，加速性能好，缩短工作循环时间；

（2）精度高，具有极高的重复定位精度，保证工件的装配精度；

（3）提高生产效率，解放单一、繁重的体力劳动；

（4）改善工人劳作条件，摆脱有毒、有辐射等有害的装配环境；

（5）可靠性好、适应性强，稳定性高。

7.1.1 装配机器人的分类

装配机器人及其应用

装配机器人在不同装配生产线上发挥着强大的装配作用，装配机器人大多由 4 ～ 6 轴组成，目前市场上常见的装配机器人以臂部运动形式分为直角式装配机器人和关节式装配机器人。

1. 直角式装配机器人

直角式装配机器人也称单轴机械手，以 XYZ 直角坐标系统为基本数学模型，整体结构模块化设计。它可用于零部件移送、简单插入、旋拧等作业，广泛运用于节能灯装配、电子类产品装配和液晶屏装配等场合，如图 7-1 所示。

图 7-1　直角式装配机器人

2. 关节式装配机器人

关节式装配机器人分为水平串联关节式装配机器人、垂直串联关节式装配机器人和并联关节式装配机器人 3 种。

（1）水平串联关节式装配机器人。水平串联关节式装配机器人也称为平面关节型装配机器人或 SCARA 机器人，如图 7-2 所示。它是目前装配生产线上应用数量最多的一类装配机器人。其属于精密型装配机器人，具有速度快、精度高、柔性好等特点，它的驱动多为交流伺服电动机，能够保证其具有较高的重复定位精度，广泛应用于电子、机械和轻工业等有关产品的装配，满足工厂柔性化生产需求。

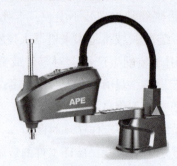

图 7-2　水平串联关节式装配机器人

（2）垂直串联关节式装配机器人。垂直串联关节式装配机器人多有 6 个自由度，可在空间任意位置确定任意位姿，面向对象多为三维空间的任意位置和姿势的作业，如图 7-3 所示。

图 7-3　垂直串联关节式装配机器人

（3）并联关节式装配机器人。并联关节式装配机器人也称拳头机器人、蜘蛛机器人，是一款轻型、结构紧凑的高速装配机器人，可安装在任意倾斜角度上，独特的并联机构可实现快速、敏捷动作，而且减小了非累积定位误差，如图 7-4 所示。其具有小巧高效、安装方便、精准灵敏等优点，广泛应用于 IT、电子装配等领域。目前在装配领域，并联关节式装配机器人有两种形式可供选择，包括 3 轴手腕和 1 轴手腕。

图 7-4　并联关节式装配机器人

通常装配机器人本体与搬运、焊接、喷涂机器人本体在精度制造上有一定的差别，原因在于焊接、喷涂机器人在完成焊接、喷涂作业时，没有与作业对象接触，只需要示教机器人运动轨迹即可。而装配机器人需要与作业对象直接接触，并进行相应动作；搬运机器人在移动物料时运动轨迹多为开放性，而装配作业是一种约束运动类操作。因此，装配机器人精度要高于搬运、焊接和喷涂机器人。

尽管装配机器人在本体上与其他类型机器人有所区别，但在实际运用中无论是直角式装配机器人还是关节式装配机器人，都有如下特性：

（1）能够实时调节生产节拍和末端执行器动作状态；

（2）可更换不同末端执行器以适应装配任务的变化，方便、快捷；

（3）能够与零件供给器、输送装置等辅助设备集成，实现柔性化生产；

（4）多带有传感器（如视觉传感器、触觉传感器、力觉传感器等），以保证装配任务的精准性。

7.1.2　装配机器人的系统组成

装配机器人的装配系统主要由操作机、控制系统、装配系统（手爪、气体发生装置、真空发生装置或电动装置）、传感系统和安全保护装置组成，如图7-5所示。

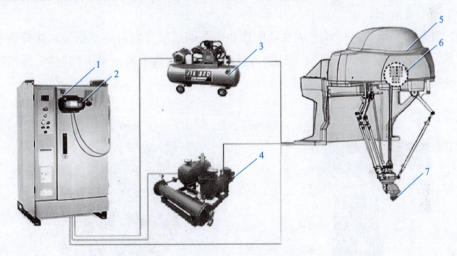

图7-5　装配机器人系统组成
1—机器人控制柜；2—示教器；3—气体发生装置；4—真空发生装置；
5—机器人本体；6—视觉传感器；7—气动手爪

装配机器人的末端执行器是夹持工件移动的一种夹具，类似搬运、码垛机器人的末端执行器，常见的装配机器人末端执行器有吸附式末端执行器、夹钳式手爪、专用式手爪和组合式手爪。

（1）吸附式末端执行器。吸附式末端执行器在装配中仅占一小部分，广泛应用于电视、录音机、鼠标等轻小物品装配场合，如图7-6所示。

（2）夹钳式手爪。夹钳式手爪是装配过程中常用的一类末端执行器，多采用气动或伺

137

服电动机驱动，闭环控制配备传感器可实现准确控制手爪启动、停止、转速并对外部信号做出准确反应，具有质量轻、出力大、速度高、惯性小、灵敏度强、转动平滑、力矩稳定等特点，如图 7-7 所示。

图 7-6　吸附式末端执行器　　　　　　　图 7-7　夹钳式手爪

（3）专用式手爪。专用式手爪是在装配中针对某一类装配场合而单独设定的末端执行器，且部分带有磁力，常见的主要是螺钉、螺栓的装配，同样也多采用气动或伺服电动机驱动，如图 7-8 所示。

（4）组合式手爪。组合式手爪在装配作业中是通过组合获得各单组手爪优势的一类末端执行器，灵活性较大，多应用于机器人进行相互配合装配时，可节约时间、提高效率，如图 7-9 所示。

图 7-8　专用式手爪　　　　　　　　图 7-9　组合式手爪

带有传感系统的装配机器人可更好地完成销、轴、螺钉、螺栓等柔性化装配作业，在其作业中常用到的传感系统有视觉传感系统、触觉传感系统。

1. 视觉传感系统

配备视觉传感系统的装配机器人可依据需要选择合适的装配零件，并进行粗定位和位置补偿，可完成零件平面测量、形状识别等检测，如图 7-10 所示。

图 7-10　配备视觉传感系统的装配机器人

2. 触觉传感系统

装配机器人的触觉传感系统主要是时刻检测机器人与被装配物件之间的配合，机器人触觉传感器可分为接触觉、接近觉、压觉、滑觉和力觉 5 种传感器。在装配机器人进行简单工作过程中常见到的有接触觉、接近觉和力觉传感器等。

（1）接触觉传感器一般固定在末端执行器的指端，只有末端执行器与被装配物件相互接触时才起作用。接触觉传感器由微动开关组成。

（2）接近觉传感器同样固定在末端执行器的指端，其在末端执行器与被装配物件接触前起作用，能测出执行器与被装配物件之间的距离、相对角度甚至表面性质等，属于非接触式传感器。

（3）力觉传感器普遍存在于各类机器人中，在装配机器人中力觉传感器不仅能实现末端执行器与环境作用过程中的力测量，而且能实现装配机器人自身运动控制和末端执行器夹持物体的夹持力测量等。

7.1.3　装配机器人的周边设备与工位布局

7.1.3.1　周边设备

常见的装配机器人辅助装置有零件供给器、输送装置等。

1. 零件供给器

零件供给器的主要作用是提供机器人装配作业所需要的零部件，确保装配作业正常进行。目前运用最多的零件供给器主要有给料器和托盘，可通过控制器编程控制。

（1）给料器。用振动或回转机构将零件排齐，并逐个送到指定位置，通常给料器以输送小零件为主。图 7-11 所示为振动式给料器。

（2）托盘。装配结束后，大零件或易损坏、划伤零件应放入托盘（图7-12）进行运输。

图7-11　振动式给料器

图7-12　托盘

2. 输送装置

在机器人装配生产线上，输送装置承担将工件输送到各作业点的任务，在输送装置中以传送带为主。

7.1.3.2　工位布局

在实际生产中，常见的装配工作站可采用回转式布局和线式布局。

1. 回转式布局

回转式装配工作站可将装配机器人聚集在一起进行配合装配，也可进行单工位装配，灵活性较大，可针对一条或两条生产线，具有较小的输送线成本，减小占地面积，广泛应用于大、中型装配作业，如图7-13所示。

2. 线式布局

线式装配机器人依附于生产线，排布于生产线的一侧或两侧，具有生产效率高、节省装配资源、节约人员维护、一人便可监视全线装配等优点，广泛应用于小物件装配场合，如图7-14所示。

图7-13　回转式布局

图7-14　线式布局

7.2 搬运机器人及其应用

搬运机器人是可以进行自动化搬运作业的工业机器人。搬运作业是指用一种设备握持工件，从一个加工位置移到另一个加工位置。搬运机器人可安装不同的末端执行器，以完成各种不同形状和状态的工件搬运工作，大大减轻了人类繁重的体力劳动。一般可以在工业制造、仓储物流、烟草、医药、食品、化工等行业，以及邮局、图书馆、港口码头、机场、停车场等领域看到搬运机器人。搬运机器人的强大性能与其广泛的市场需求密不可分。众所周知，物料搬运是一项无处不在的日常工作，它存在于各行各业，但在看似微不足道的简单工作背后，有着企业长期而基本的需求，往往受到人员、成本、效率等因素的制约。在这种情况下，搬运机器人有很大的应用前景。

7.2.1 搬运机器人的特点

搬运机器人具有通用性强、工作稳定的优点，并且操作简便、功能丰富，逐渐向第三代智能机器人发展，其主要优点如下：

搬运机器人及
其应用

（1）动作稳定，提高搬运准确性；

（2）改善工人劳作条件，摆脱有毒、有害环境；

（3）定位准确，保证批量一致性；

（4）提高生产效率，减少繁重体力劳动，实现"无人"或"少人"的生产；

（5）柔性高、适应性强，可实现多形状、不规则物料搬运；

（6）降低制造成本，提高生产效益。

7.2.2 搬运机器人的分类

从结构形式上看，搬运机器人可分为龙门式搬运机器人、悬臂式搬运机器人、侧壁式搬运机器人、摆臂式搬运机器人和关节式搬运机器人。

1. 龙门式搬运机器人

图 7-15 所示为龙门式搬运机器人，其坐标系主要由 X 轴、Y 轴和 Z 轴组成。其多采用模块化结构，可依据负载位置、大小等选择对应直线运动单元及组合结构形式，可实现大物料、重吨位搬运，采用直角坐标系，编程方便、快捷，广泛应用于生产线转运及机床上下料等大批量生产过程。

2. 悬臂式搬运机器人

图 7-16 所示为悬臂式搬运机器人，其坐标系主

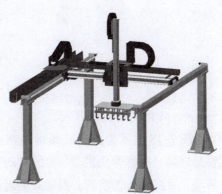

图 7-15 龙门式搬运机器人

要由 X 轴、Y 轴和 Z 轴组成。其也可随不同的应用采取相应的结构形式，广泛应用于卧式机床、立式机床及特定机床内部和冲压机热处理机床自动上下料。

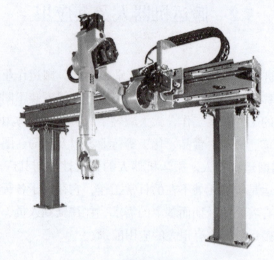

图 7-16　悬臂式搬运机器人

3. 侧壁式搬运机器人

图 7-17 所示为侧壁式搬运机器人，其坐标系主要由 X 轴、Y 轴和 Z 轴组成。其也可随不同的应用采取相应的结构形式，主要应用于立体库类，如档案自动存取系统、全自动银行保管箱存取系统等。

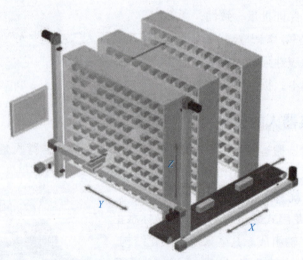

图 7-17　侧壁式搬运机器人

4. 摆臂式搬运机器人

图 7-18 所示为摆臂式搬运机器人，其坐标系主要由 X 轴、Y 轴和 Z 轴组成。Z 轴主要是升降，也称为主轴。Y 轴的移动主要通过外加滑轨，X 轴末端连接控制器，其绕 X 轴转动，可实现 4 轴联动。摆臂式搬运机器人广泛应用于国内外生产厂家，是关节式搬运机器人的理想替代品，但其负载程度相对于关节式搬运机器人小。

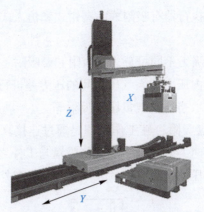

图 7-18　摆臂式搬运机器人

5. 关节式搬运机器人

关节式搬运机器人是当今工业产业中常见的机型之一，如图 7-19 所示。其拥有 5～6 个轴，行为动作类似人的手臂，具有结构紧凑、占地空间小、相对工作空间大、自由度高等特点，适用于绝大多数轨迹或角度的工作。

7.2.3　搬运机器人的系统组成

搬运机器人主要包括机器人和搬运系统，如图 7-20 所示。机器人由搬运机器人本体及完成搬运路线控制的控制柜组成。以关节式搬运机器人为例，其工作站主要由操作机、控制系统、搬运系统（气体发生装置、真空发生装置和手爪等）和安全保护装置组成。

图 7-19　关节式搬运机器人

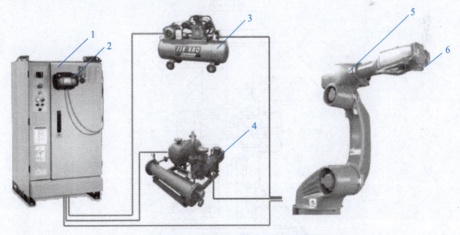

图 7-20　搬运机器人系统组成

1—机器人控制柜；2—示教器；3—气体发生装置；4—真空发生装置；5—操作机；6—末端执行器（手爪）

常见的搬运机器人末端执行器有吸附式、夹钳式和仿人式等。

1. 吸附式末端执行器

吸附式末端执行器依据吸力不同可分为气吸附和磁吸附。

气吸附主要是利用吸盘内压力和大气压之间的压力差进行工作，依据压力差分为真空吸盘吸附、气流负压气吸附、挤压排气负压气吸附等。

图7-21所示为真空吸盘吸附，其工作原理是通过连接真空发生装置和气体发生装置实现吸取和释放工件，工作时，真空发生装置将吸盘与工件之间的空气吸走使其达到真空状态，此时，吸盘内的大气压小于吸盘外的大气压，工件在外部压力的作用下被抓取。

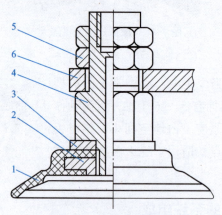

图7-21 真空吸盘吸附

1—橡胶吸盘；2—固定环；3—垫片；4—支撑杆；5—螺母；6—基板

图7-22所示为气流负压气吸附，其工作原理是利用流体力学原理，通过压缩空气（高压）高速流动带走吸盘内气体（低压）使吸盘内形成负压，同样利用吸盘内外压力差完成吸取工件动作，切断压缩空气随即消除吸盘内负压，完成释放工件动作。

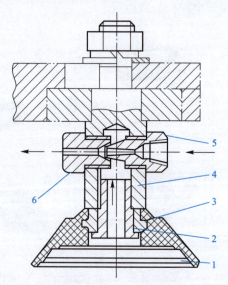

图7-22 气流负压气吸附

1—橡胶吸盘；2—心套；3—透气螺钉；4—支撑架；5—喷嘴；6—喷嘴套

图 7-23 所示为挤压排气负压气吸附，其工作原理是利用吸盘变形和拉杆移动改变吸盘内外部压力完成工件吸取和释放动作。

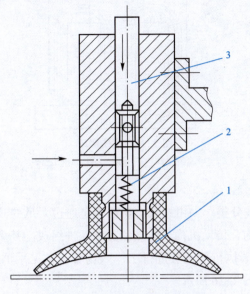

图 7-23　挤压排气负压气吸附
1—橡胶吸盘；2—弹簧；3—拉杆

磁吸附是利用磁力进行吸取工件，常见的磁力吸盘为永磁吸盘、电磁吸盘、电永磁吸盘等。

图 7-24 所示为永磁吸附，其工作原理是利用磁感线通路的连续性及磁场叠加性而工作，永磁吸盘的磁路为多个磁系，通过磁系之间的相互运动来控制工作磁极面上的磁场强度的强弱进而实现工件的吸取和释放动作。

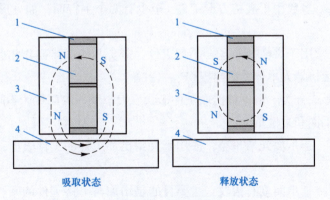

吸取状态　　　　　　释放状态

图 7-24　永磁吸附
1—非导磁体；2—永磁铁；3—磁轭；4—工件

图 7-25 所示为电磁吸附，其工作原理是利用内部励磁线圈通直流电后产生的磁力吸附导磁性工件。

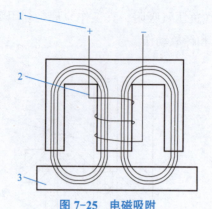

图 7-25 电磁吸附

1—直流电源；2—励磁线圈；3—工件

2. 夹钳式末端执行器

（1）按手爪前端形式分类。夹钳式末端执行器是通过手爪的开启、闭合实现对工件的夹取，由手爪、驱动机构、传动机构、连接和支承元件组成。其多用于负载重、高温、表面质量不高等吸附式末端执行器无法进行工作的场合。常见手爪前端形状分 V 形爪、平面形爪、尖形爪等，如图 7-26 所示。

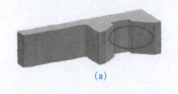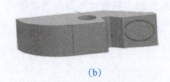

（a）　　　　　　　　　（b）　　　　　　　　　（c）

图 7-26 各形状手爪

（a）V 形爪；（b）平面形爪；（c）尖形爪

1）V 形爪：常用于圆柱形工件，其夹持稳固可靠，误差相对较小。

2）平面形爪：多数用于夹持方形工件（至少有两个平行面，如方形包装盒等）、厚板形或短小棒料。

3）尖形爪：常用于夹持复杂场合小型工件，避免与周围障碍物相碰撞，也可夹持炽热工件，避免搬运机器人本体受到热损伤。

（2）按爪面形式分类。根据被抓取工件形状、大小及抓取部位的不同，爪面形式常有平滑爪面、齿形爪面和柔性爪面。

1）平滑爪面：指爪面光滑平整，多用来夹持已加工好的工件表面，保证加工表面无损伤。

2）齿形爪面：指爪面刻有齿纹，主要目的是增加与夹持工件的摩擦力，确保夹持稳固可靠，常用于夹持表面粗糙毛坯或半成品工件。

3）柔性爪面：内镶有橡胶、泡沫、石棉等物质，起到增加摩擦力、保护已加工工件表面、隔热等作用，多用于夹持已加工工件、炽热工件、脆性或薄壁工件等。

3. 仿人式末端执行器

仿人式末端执行器是针对特殊外形工件进行抓取的一类手爪，其主要包括柔性手和多指灵巧手。

（1）柔性手。柔性手进行抓取的关键结构是多关节柔性手腕，每个手指由多个关节链、摩擦轮和牵引丝组成，工作时通过一根牵引线收紧、另一根牵引线放松实现抓取，常用于抓取不规则、圆形等轻便工件，如图 7-27 所示。

（2）多指灵巧手。多指灵巧手包括多根手指，每根手指都包含 3 个回转自由度且可独立控制，实现精确操作，广泛应用于核工业、航天工业等高精度作业，如图 7-28 所示。

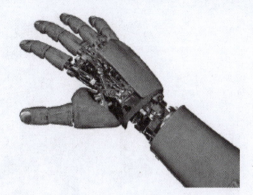

图 7-27　柔性手　　　　　　　　图 7-28　多指灵巧手

7.2.4　搬运机器人的周边设备与工位布局

7.2.4.1　周边设备

常见的搬运机器人辅助装置有增加移动范围的滑移平台、合适的搬运系统装置和安全保护装置等。

1. 滑移平台

增加滑移平台是搬运机器人增加自由度最常用的方法，可安装在地面上或龙门框架上，如图 7-29 所示。

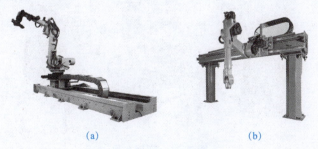

(a)　　　　　　　　　　　　(b)

图 7-29　滑移平台安装方式
（a）地面安装；（b）龙门框架安装

2. 搬运系统

搬运系统主要包括真空发生装置、气体发生装置、液压发生装置等，此部分装置均为标准件，企业常用空气控压站对整个车间提供压缩空气和抽真空。

7.2.4.2　工位布局

常见搬运机器人工作站可采用L形、环形、品字形、一字形等布局。

1. L形布局

将搬运机器人安装在龙门框架上，使其行走在机床上方，可大幅度地节约地面资源，如图7-30所示。

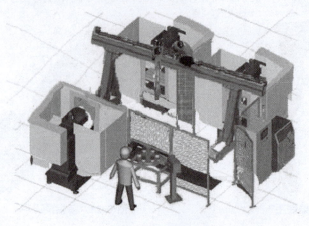

图7-30　L形布局

2. 环形布局

环形布局又称"岛式加工单元"，以关节式搬运机器人为中心，机床围绕其周围形成环形，进行工件搬运加工，可提高生产效率、节约空间，适合小空间厂房作业，如图7-31所示。

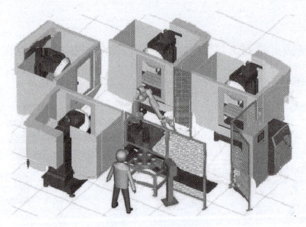

图7-31　环形布局

3. 一字形布局

直角桁架机器人通常要求设备呈一字形排列，对厂房高度、长度具有一定要求，工作运动方式为直线编程，很难能满足对放置位置、相位等有特别要求工件的上下料作业需求，如图7-32所示。

图 7-32　一字形布局

7.3　码垛机器人及其应用

目前，全球已经进入工业 4.0 智能工厂时代。码垛机器人产业以很快的速度发展，预计码垛机器人全球销量仍会大幅增长。而我国作为制造业大国，劳动力成本的影响尤为重大，这也导致了我国码垛机器人产业发展非常迅速，毕竟在产业转型升级的大背景下，机器人替代人工已经是未来趋势。近年来，码垛机器人搭配企业流水线正成为生产的新常态。现在，越来越多的企业投身于机器人的研发，为行业企业提供机器人解决方案。工业码垛机器人将成为市场主力，未来更加值得期待，也将成为推动我国制造业发展的一大助力。

7.3.1　码垛机器人的特点

码垛机器人具有作业高效、码垛稳定等优点，减少工人繁重体力劳动，已在各个行业的包装物流生产线中发挥着强大作用。其主要优点如下所述。

（1）码垛机器人能够改善工作中员工的安危程度。由于员工承载托盘需要体力，因此避免了劳累，从而解决了疲劳分心、伤害，以及重复和乏味运动的影响问题。

（2）码垛机器人增强生产灵活性。每个码垛机器人都配有操作员，以组织多种码垛模式。用户界面的灵活性也可以根据实际需要进行修改，即添加和调整码垛模式。码垛机器人生产线中的控制系统具有结构简单、运行速度快、稳定性高和扩展性强等优点。

（3）码垛机器人可提高码垛速度。以恒定速度重复运动使被码货物组装成托盘，根据生产线和可用空间，还可以增加机器人的数量以达到更高的码垛速度。

（4）增强托盘上成品的质量。让产品获得更美观、更高质量的表面，码垛机器人执行的任务解决了人类疲劳和分心相关的问题，这也减小了导致产品出现质量问题的概率。

（5）受限制的工作空间。机器人码垛比传统的码垛系统节省更多空间。此外，它可以在狭小的空间内工作，从而节省生产区域的宝贵地面空间。

（6）降低运营成本。这些系统可以日夜操作，不需要照明，可以通过关闭照明来降低费用，因为一个人就可以同时运行多台机器。

码垛机器人与搬运机器人在本体结构上没有过多区别，在实际生产中码垛机器人多为四轴且多数带有辅助连杆，连杆主要起到增加力矩和平衡的作用，码垛机器人多不能进行横向或纵向移动，主要安装在物流线末端。常见的码垛机器人多为关节式码垛机器人、摆臂式码垛机器人和龙门式码垛机器人，如图7-33所示。

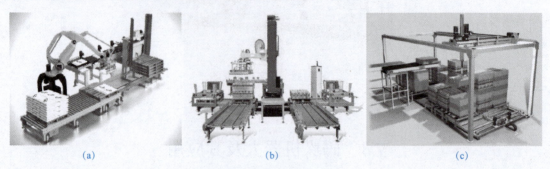

图7-33　常见的码垛机器人
（a）关节式码垛机器人；（b）摆臂式码垛机器人；（c）龙门式码垛机器人

7.3.2　码垛机器人的系统组成

码垛机器人及其应用

码垛机器人主要由机械主体、伺服驱动系统、控制系统组成，如图7-34所示。机械主体有机座和执行机构，包括手臂结构、末端执行器、末端执行器调节机构及检测机构，伺服驱动系统包括动力装置和传动机构，控制系统是指按照输入的程序对伺服驱动系统和执行机构发出指令并进行控制。码垛机器人按照不同的物料包装、堆垛顺序、层数等要求进行参数设置，以实现不同类型包装物料的码垛作业，按照功能划分，可以分为进袋、转向、排袋、编组、抓袋码垛、托盘库、托盘输送及相应的控制系统等机构。

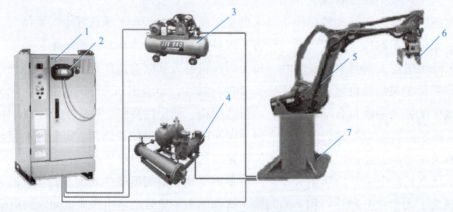

图7-34　码垛机器人系统组成
1—机器人控制柜；2—示教器；3—气体发生装置；4—真空发生装置；5—操作机；6—夹板式手爪；7—机座

关节式码垛机器人常见本体多为4轴，也有5轴和6轴码垛机器人，但在实际包装码垛物流生产线中 5 轴和 6 轴码垛机器人相对较少。码垛机器人主要在物流线末端进行工作，4 轴码垛机器人足以满足日常生产需求。

常见码垛机器人的末端执行器有吸附式末端执行器、夹板式手爪、抓取式手爪、组合式手爪。

1. 吸附式末端执行器

吸附式末端执行器主要采用气吸附，如图 7-35 所示，广泛应用于医药、食品、烟酒等行业。

图 7-35　吸附式末端执行器

2. 夹板式手爪

夹板式手爪是码垛过程中最常用的一类手爪，如图 7-36 所示。常见的有单板式和双板式，主要用于整箱或规则盒码垛，夹板式手爪夹持力度要比吸附式末端执行器夹持力度大，并且两侧板光滑不会损伤码垛产品外观质量，单板式与双板式的侧板一般有可旋转爪钩。

图 7-36　夹板式手爪

3. 抓取式手爪

抓取式手爪是一种可灵活适应不同形状和内含物的包装袋的手爪，如图 7-37 所示。

图 7-37　抓取式手爪

4. 组合式手爪

组合式手爪是通过组合获得各单组手爪优势的一种手爪，灵活性较大，各单组手爪之间既可单独使用又可配合使用，可同时满足多个工位的码垛，如图 7-38 所示。

吸盘

爪钩

图 7-38　组合式手爪

7.3.3　码垛机器人的周边设备与工位布局

7.3.3.1　周边设备

常见的码垛机器人辅助装置有金属检测机、质量复检机、自动剔除机、倒袋机、整形机、待码输送机、传送带、码垛系统装置等。

1. 金属检测机

金属检测机主要是为了防止在生产制造过程中混入金属等异物，需要金属检测机进行流水线检测，如图 7-39 所示。

2. 质量复检机

质量复检机在自动化码垛流水作业中起到重要作用，可以检测出前工序是否漏装、装多，以及对合格品、欠重品、超重品进行统计，进而达到产品质量控制的目的，如图 7-40 所示。

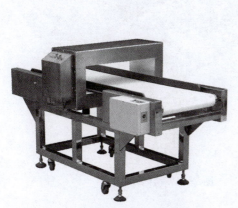

图 7-39　金属检测机

图 7-40　质量复检机

3. 自动剔除机

自动剔除机安装在金属检测机和质量复检机之后，主要用于剔除含金属异物及质量不合格等产品，如图 7-41 所示。

4. 倒袋机

倒袋机的主要作用是将输送过来的袋装码垛物按照预定程序进行输送、倒袋、转位等操作，以按照流程进入后续工序，如图 7-42 所示。

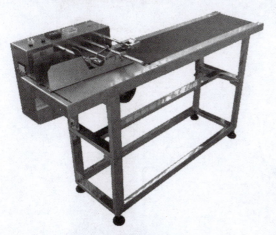

图 7-41　自动剔除机

图 7-42　倒袋机

5. 整形机

整形机主要针对袋装码垛物，经整形机整形后码垛物中的积聚物会均匀分散，之后进入后续工序，如图 7-43 所示。

6. 待码输送机

待码输送机是码垛机器人生产线的专用输送设备，码垛货物聚集于此，便于码垛机器人末端执行器进行抓取，可提高码垛机器人灵活性，如图 7-44 所示。

图 7-43　整形机

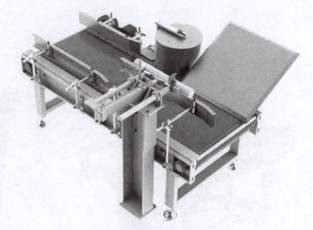

图 7-44　待码输送机

7. 传送带

传送带是自动化码垛生产线上必不可少的一个环节，其针对不同的厂源条件可选择不同的形式，如图 7-45 所示。

图 7-45　传送带

7.3.3.2　工位布局

码垛机器人工作站布局是以提高生产效率、节约场地、实现最佳物流码垛为目的。在实际生产中，常见的码垛工作站布局主要有全面式码垛和集中式码垛两种。

1. 全面式码垛

码垛机器人安装在生产线末端，可针对一条或两条生产线，具有较小的输送线成本与占地面积、较大灵活性和增加生产量等优点，如图7-46所示。

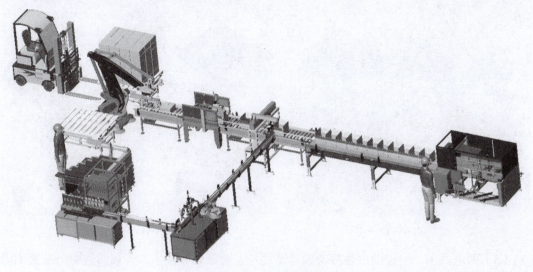

图7-46 全面式码垛

2. 集中式码垛

码垛机器人被集中安装在某一区域，可将所有生产线集中在一起，具有较高的输送线成本，节省生产区域资源，节约人员维护，一人便可全部操纵，如图7-47所示。

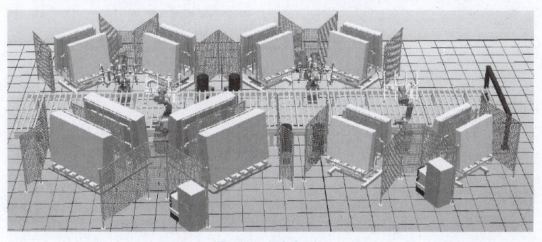

图7-47 集中式码垛

按码垛进出情况，常见的集中式码垛规划有一进一出、一进两出、两进两出和四进四出等形式。

（1）一进一出。一进一出常应用在厂源相对较小、码垛线生产比较繁忙的情况下，此类型码垛速度较快，托盘分布在机器人左侧或右侧，缺点是需要人工换托盘，浪费时间，如图7-48所示。

（2）一进两出。一进两出在一进一出的基础上添加输出托盘，一侧满盘信号输入，机器人不会停止等待直接码垛另一侧，码垛效率明显提高，如图7-49所示。

图 7-48　一进一出　　　　　　　　　　图 7-49　一进两出

（3）两进两出。两进两出是两条输送链输入，两条码垛输出，多数两进两出系统不需要人工干预，码垛机器人自动定位摆放托盘，其是目前应用最多的一种码垛形式，也是性价比最高的一种规划形式，如图7-50所示。

（4）四进四出。四进四出系统多配有自动更换托盘功能，主要应用于多条生产线的中等产量或低等产量的码垛，如图7-51所示。

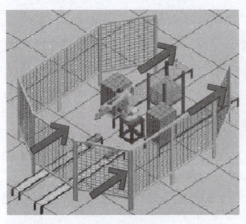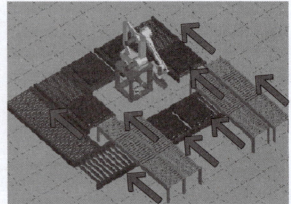

图 7-50　两进两出　　　　　　　　　　图 7-51　四进四出

7.4　焊接机器人及其应用

焊接机器人是能将焊接工具按要求送到预定空间位置，然后按照要求轨迹及速度移动焊接工具的工业机器人。使用焊接机器人进行焊接作业，可以保证焊接的一致性和稳定性，克服了人为因素带来的不稳定性，提高了产品质量。此外，工人可以远离焊接场地，减少了有害烟尘、焊炬对工人的伤害，改善了劳动条件，也减轻了劳动强度。同时，采用机器人工作站，多工位并行作业，可以提高生产效率。目前，世界各国生产的焊接机器人基本上属于关节型机器人，绝大部分有 6 个轴。焊接机器人应用较多的主要有点焊机器人、弧焊机器人和激光焊接机器人 3 种，如图 7-52 所示。

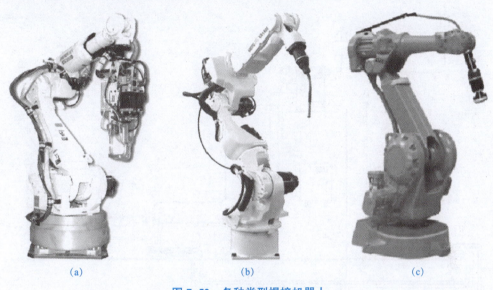

（a）　　　　　　　　　　　　　（b）　　　　　　　　　　　　　（c）

图 7-52　各种类型焊接机器人

（a）点焊机器人；（b）弧焊机器人；（c）激光焊接机器人

7.4.1　点焊机器人

点焊机器人是用于点焊自动作业的工业机器人，其末端持握的作业工具是焊钳。实际上，工业机器人在焊接领域的最早应用是从汽车装配生产线上的电阻点焊开始的。点焊机器人有直角坐标式、极坐标式、圆柱坐标式和关节式等类型，常用的是直角坐标式简易型点焊机器人（2～4 个自由度）和关节式（5～6 个自由度）点焊机器人。关节式点焊机器人既有落地式安装，也有悬挂式安装，占用空间比较小。驱动系统多采用直流或交流伺服电动机。

焊接机器人及
其应用

7.4.1.1　点焊机器人系统组成

点焊机器人主要由操作机、控制系统、示教器和点焊焊接系统 4 部分组成，如图 7-53 所示。操作者可通过示教器和计算机面板按键进行点焊机器人运动位置和动作程序的示教，并设定运动速度、焊接参数等。点焊机器人按照示教程序规定的动作、顺序和参数进行点焊作业，其过程是可以实现完全自动化的。

（1）点焊机器人控制系统可分为本体控制和焊接控制两部分。本体控制部分主要用于实现机器人本体的运动控制；焊接控制部分则负责对点焊控制器进行自动控制，发出焊接开始指令，自动控制和调整焊接参数（如电压、电流、施加压力及时间/周波等），控制点焊钳的大小行程及夹紧/松开动作。

（2）点焊焊接系统主要由点焊控制器（时控器）、焊钳（含阻焊变压器）及水、电、气等辅助部分组成。点焊控制器可根据预定的焊接监控程序完成焊接参数输入、焊接程序控制及焊接系统的故障自诊断，并能实现与机器人控制柜、示教器的通信联系。

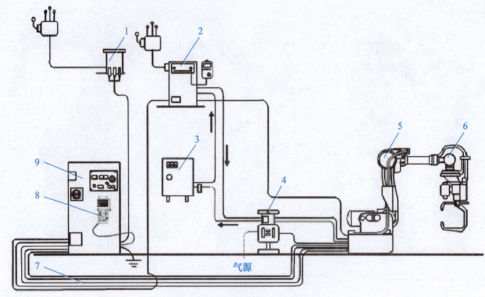

气源

图7-53　点焊机器人系统组成

1—机器人变压器；2—焊接控制器；3—水冷机；4—气冰管路组合体；5—操作机；
6—焊钳；7—供电及控制电缆；8—示教器；9—控制柜

7.4.1.2　点焊机器人的焊钳分类

1. 依据外形结构分类

机器人点焊用焊钳从外形结构上有C形和X形2种，如图7-54所示。C形焊钳用于点焊垂直位置的焊点。

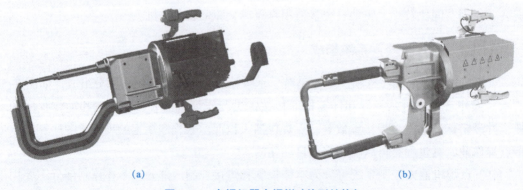

(a)　　　　　　　　　　　　　　　(b)

图7-54　点焊机器人焊钳（外形结构）

(a) C形焊钳；(b) X形焊钳

2. 依据电极臂加压驱动方式分类

根据电极臂加压驱动方式，点焊机器人焊钳分为气动焊钳和伺服焊钳两种。

（1）气动焊钳。图 7-55 所示为气动焊钳，它利用气缸来加压，可具有 2 ～ 3 个行程，能够使电极完成大开、小开和闭合 3 个动作，电极压力一旦调顶不能随意变化，目前比较常用。

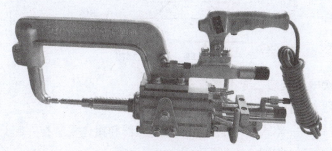

图 7-55　气动焊钳

（2）伺服焊钳。图 7-56 所示为伺服焊钳，它采用伺服电动机驱动完成焊钳的张开和闭合，焊钳张开度可任意选定并预置，而且电极间的压紧力可无级调节。伺服焊钳与气动焊钳相比，具有可提高工件的表面质量、提高生产效率、改善工作环境等优点。

图 7-56　伺服焊钳

3. 依据阻焊变压器与焊钳的结构关系分类

依据阻焊变压器与焊钳的结构关系，点焊机器人焊钳可分为分离式、内藏式和一体式 3 种。

（1）分离式焊钳。阻焊变压器与钳体相分离，两者之间用二次电缆相连，如图 7-57 所示。

1）优点：减小了机器人的负载，运动速度高，价格低。

2）缺点：需要大容量的阻焊变压器，电力损耗较大，能源利用率低。二次电缆的存在限制了点焊工作区间与焊接位置的选择。

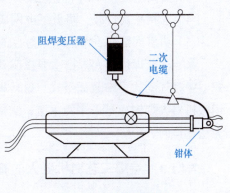

图 7-57　分离式焊钳

（2）内藏式焊钳。内藏式焊钳是指将阻焊变压器安放到机器人机械臂内，变压器的二次电缆可在内部移动，如图 7-58 所示。

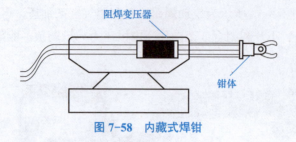

图 7-58　内藏式焊钳

1）优点：二次电缆较短，变压器的容量减小。

2）缺点：机器人本体的设计变得复杂。

（3）一体式焊钳。一体式焊钳是指将阻焊变压器和钳体安装在一起，共同固定在机器人机械臂末端法兰盘上，如图 7-59 所示。

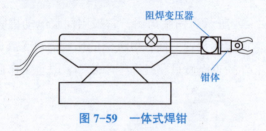

图 7-59　一体式焊钳

1）优点：省掉二次电缆及悬挂变压器的工作架，节省能量。

2）缺点：焊钳质量显著增大，体积变大，焊钳质量在机器人活动手腕上产生惯性力，易引起过载。

4. 按照焊钳的变压器形式分类

按照焊钳的变压器形式，焊钳又可分为中频焊钳和工频焊钳。中频焊钳相对于工频焊钳具有以下优点：

（1）直流焊接；

（2）焊接变压器小型化；

（3）提高电流控制的响应速度，实现工频电阻焊机无法实现的焊接工艺；

（4）三相平衡负载，降低了电网成本；

（5）功率因数高，节能效果好。

综上，点焊机器人焊钳主要以驱动和控制相互组合，可以采用工频气动式、工频伺服式、中频气动式、中频伺服式。这几种形式各有特点，从技术优势和发展趋势来看，中频伺服机器人焊钳应是未来的主流，它集中了中频直流点焊和伺服驱动的优势，是其他形式无法比拟的。

7.4.1.3　点焊工艺对机器人的基本要求

在选用或引进点焊机器人时必须注意点焊工艺对机器人的基本要求。

（1）点焊作业一般采用点到点控制（PTP），其重复定位精度≤+1 mm。

（2）点焊机器人工作空间必须大于焊接所需的空间（由焊点位置及焊点数量确定）。

（3）根据工件形状、种类、焊缝位置选用焊钳。

（4）根据选用的焊钳结构（分离式、一体式、内藏式）、焊件材质与厚度及焊接电流波形（工频交流、逆变式直流等）来选取点焊机器人额定负载，一般为 50 ~ 120 kg。

（5）机器人应具有较高的抗干扰能力和可靠性（平均无故障工作时间应超过 2 000 h，平均修复时间不大于 30 min）；具有较强的故障自诊断功能。例如，可发现电极与工件发生"黏结"而无法脱开的危险情况，并能做出电极沿工件表面反复扭转动作直至故障消除。

（6）点焊机器人示教记忆容量应大于 1 000 点。

（7）机器人应具有较高的点焊速度（如 60 点/min 以上），它可保证单点焊接时间（含加压、焊接、维持、休息、移位等点焊循环）与生产线物流速度匹配，并且其中 50 mm 短距离（焊点间距）移动的定位时间应缩短在 0.4 s 以内。

7.4.2　弧焊机器人

弧焊机器人是用于弧焊（主要有熔化极气体保护焊和非熔化极气体保护焊）自动作业的工业机器人，其末端持握的工具是焊枪（图 7-60）。事实上，弧焊过程要比点焊过程复杂得多，被焊工件由于局部加热熔化和冷却产生变形，焊缝轨迹会发生变化。因此，焊接机器人的应用并不是一开始就用于电弧焊作业。而是伴随焊接传感器的开发及其在焊接机器人中的应用，使机器人弧焊作业的焊缝跟踪与控制问题得到有效解决。

图 7-60　弧焊机器人

弧焊机器人的组成与点焊机器人基本相同，主要由操作机、控制系统、弧焊系统和安全设备等组成，如图 7-61 所示。

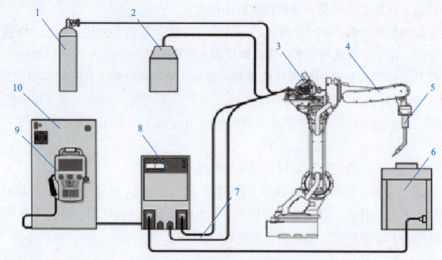

图 7-61　弧焊机器人系统组成

1—气瓶；2—焊丝桶；3—送丝机；4—操作机；5—焊枪；6—工作台；
7—供电及控制电缆；8—弧焊电源；9—示教器；10—机器人控制柜

弧焊机器人操作机的结构与点焊机器人基本相似，主要区别在于末端执行器——焊枪。图 7-62 所示是常见的 3 种弧焊机器人焊枪。

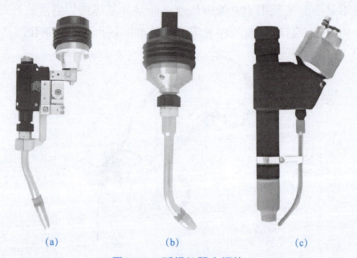

图 7-62　弧焊机器人焊枪

（a）电缆外置式机器人气保焊枪；（b）电缆内藏式机器人气保焊枪；（c）机器人氩弧焊焊枪

为适应弧焊作业，对弧焊机器人的性能有着特殊的要求。除速度稳定性和轨迹精度两项重要指标外，其他性能指标如下：

（1）能够通过示教器设定焊接条件（电流、电压、速度等）；

（2）摆动功能；

（3）坡口填充功能；

（4）焊接异常功能检测；

（5）焊接传感器（焊接起始点检测、焊缝跟踪）的接口功能。

7.4.3 激光焊接机器人

激光焊接机器人是用于激光焊自动作业的工业机器人，通过高精度工业机器人实现更加柔性的激光加工作业，末端持握的工具是激光加工头。其具有最小的热输入量，产生极小的热影响区，在显著提高焊接产品品质的同时，降低了后续工作量的时间（图7-63）。

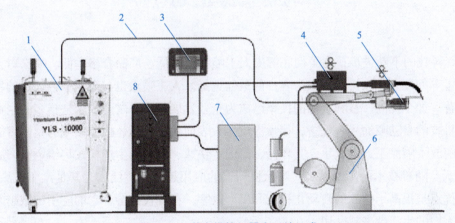

图7-63　激光焊接机器人系统组成

1—激光器；2—光导系统；3—遥控盒；4—送丝机；5—激光加工头；
6—操作机；7—机器人控制柜；8—焊接电源

激光加工头装于6自由度机器人本体手臂末端，其运动轨迹和激光加工参数由机器人数字控制系统提供指令实现，根据用途不同（切割、焊接、熔覆）选择不同的激光加工头（图7-64）。

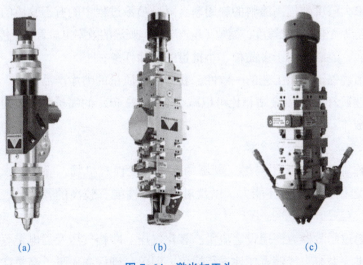

(a)　　　　　　　　　(b)　　　　　　　　　(c)

图7-64　激光加工头

(a) 激光切割；(b) 激光焊接；(c) 激光熔覆

7.4.4　焊接机器人的工位布局

焊接机器人的工位布局有多种形式。例如，一机双工位模式，其中机器人本体固定在两个焊接定位平台之间，工作时一个工位进行焊接，另一个工位装卸工件，交替进行作业，保证机器人连续工作。此外，还有滑移平台或龙门架式布局，适用于大型结构件的焊接作业，通过移动滑移平台或龙门架扩大机器人的作业空间。

7.5　喷涂机器人及其应用

随着科技的不断进步，为了彻底解决人工喷涂效率低、产品合格率低、喷涂对人体造成的伤害等问题，喷涂机器人成为客户的最佳选择。人工喷涂也与企业绿色环保的发展原则相违背。如今提高产量和产品的良率已成为企业发展的当务之急。越来越多的企业开始使用高科技的自动喷涂生产设备，如喷涂机器人表面处理、流体控制领域的整体智能解决方案，解放了喷涂工人的双手，其环保、高效、快速、安全的生产模式将给企业产品带来质的飞跃。随着技术的不断发展，喷涂机器人的应用越来越广泛，尤其是汽车喷涂过程，其显著优点是提高了喷涂的自动化程度和生产效率。在现代社会，它的应用领域越来越广泛，与人们的生活越来越密切。

7.5.1　喷涂机器人的特点

1. 喷涂机器人的优点

喷涂机器人作为一种典型的喷涂自动化装备，它是集成了电子、机械、控制、人工智能等先进技术的智能系统机器人。喷涂机器人与传统的机械喷涂相比，具有以下优点：

（1）可以最大限度地提高涂料的利用率、降低喷涂过程中的有害物质的挥发；

（2）显著提高喷枪的运动速度，缩短了生产节拍，喷涂的效率也显著高于传统的机械喷涂；

（3）柔性强，能够适用于多品种、小批量的喷涂任务；

（4）能够精确保证喷涂工艺的一致性，获得较高质量的喷涂产品；

（5）与高速旋杯静电喷涂站相比可以减少 30% ～ 40% 的喷枪数量，可以降低系统故障概率和维护成本。

2. 对喷涂机器人的特殊要求

由于喷涂作业环境充满了易燃、易爆的有害挥发性有机物，除了要求喷涂机器人具有出色的重复定位精度和循环能力，以及对其防爆性能有较高的要求外，仍有如下特殊的要求：

（1）能够通过示教器方便地设定流量、雾化气压、喷幅气压及静电量等喷涂参数；

（2）具有供漆系统，能够方便地进行换色、混色，确保高质量、高精度的工艺调节；

（3）具有多种安装方式，如落地、倒置、角度安装和壁挂；

（4）能够与转台、滑台、输送链等一系列的工艺辅助设备轻松集成；

（5）结构紧凑，方便减小喷房尺寸，降低通风要求。

7.5.2　喷涂机器人的分类

涂装机器人及
其应用

国内外的喷涂机器人大多从构型上仍采取与通用工业机器人相似的 5 或 6 自由度串联关节式机器人，在其末端加装自动喷枪。按照手腕构型划分，喷涂机器人主要有球型手腕喷涂机器人和非球型手腕喷涂机器人。

（1）球型手腕喷涂机器人。球型手腕喷涂机器人的手腕结构与通用的 6 轴关节式机器人相同，即 1 个摆动轴、2 个旋转轴，3 个轴线相交于一点，且 2 个相邻关节的轴线是垂直的。目前绝大多数商用机器人采用的是 Bendix 手腕，如图 7-65 所示。

图 7-65　采用 Bendix 手腕构型的喷涂机器人

（2）非球型手腕喷涂机器人。非球型手腕喷涂机器人手腕的 3 个轴线并非如球型手腕喷涂机器人一样相交于一点，而是相交于两点。根据相邻轴线的位置关系又可分为正交非球型手腕和斜交非球型手腕两种形式。图 7-66 所示是正交非球型手腕，其相邻轴线夹角为 90°；图 7-67 所示是斜交非球型手腕，手腕相邻两轴线不垂直，而是成一定的角度。

图 7-66　正交非球型手腕　　　　图 7-67　斜交非球型手腕

根据工作原理，喷涂机器人还可分为有气喷涂机器人和无气喷涂机器人。

（1）有气喷涂机器人。有气喷涂机器人依靠低压空气使油漆从枪口喷出，形成雾化气流，作用于物体表面，与手刷相比，无刷痕，平面相对均匀，作业时间也比较短，可有效缩短工期。但存在飞溅、油漆浪费等现象。

（2）无气喷涂机器人。无气喷涂机器人可以用于边缘清晰的高黏度涂料的施工，甚至可以用于一些有边界要求的喷涂工程。另外需要注意的是，如果对金属表面进行喷涂处理，建议选用金属漆。

7.5.3　喷涂机器人的系统组成

典型的喷涂机器人工作站主要由喷涂机器人、机器人控制系统、供漆系统、自动喷枪/旋杯、喷房、防爆吹扫系统等组成，如图7-68所示。

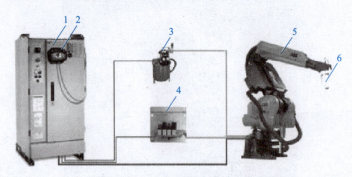

图7-68　喷涂机器人系统组成

1—机器人控制柜；2—示教器；3—供漆系统；4—防爆吹扫系统；5—喷涂机器人；6—自动喷枪/旋杯

1. 喷涂机器人控制系统

喷涂机器人控制系统主要完成本体和喷涂工艺控制。本体的控制在控制原理、功能及组成上与通用工业机器人基本相同；喷涂工艺的控制则是对供漆系统的控制，包括空气喷涂、高压无气喷涂和静电喷涂3种。

（1）空气喷涂。空气喷涂是指利用压缩空气的气流，流过喷枪喷嘴孔形成负压，在负压的作用下涂料从吸管吸入，经过喷嘴喷出，通过压缩空气对涂料进行吹散，以达到均匀雾化的效果。空气喷涂一般用于家具、3C产品外壳，汽车等产品的喷涂。

（2）高压无气喷涂。高压无气喷涂是一较先进的喷涂方法，其采用增压泵将涂料在容器内增至6～30 MPa的高压，通过很细的喷孔喷出，使涂料形成扇形雾状，具有较高的涂料传递效率和生产效率，表面质量明显优于空气喷涂。

（3）静电喷涂。静电喷涂一般以接地的被涂物为阳极，接电源负高压的涂料雾化结构为阴极，使得涂料雾化颗粒上带电荷，通过静电作用，吸附在工件表面。其通常应用于金属表面或导电性良好且结构复杂表面，或是球面、圆柱体喷涂。

2. 供漆系统

供漆系统主要由涂料单元控制盘、气源、流量调节器、齿轮泵、涂料混合器、换色阀、供漆供气管路及监控管线组成，其主要部件如图7-69所示。

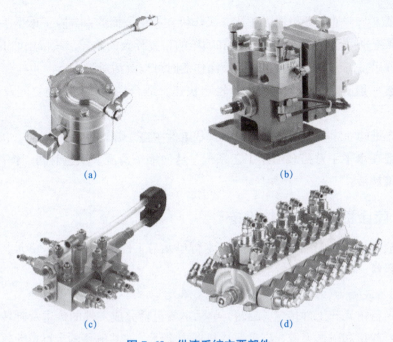

图 7-69 供漆系统主要部件

（a）流量调节器；（b）齿轮泵；（c）涂料混合器；（d）换色阀

3. 防爆吹扫系统

防爆吹扫系统主要由危险区域之外的吹扫单元、操作机内部的吹扫传感器、控制柜内的吹扫控制单元 3 部分组成，其具体组成如图 7-70 所示。

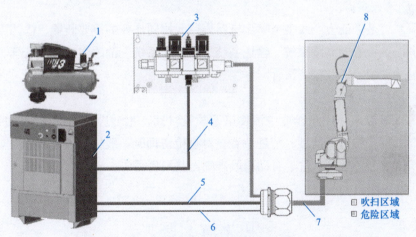

图 7-70 防爆吹扫系统

1—空气接口；2—控制柜；3—吹扫单元；4—吹扫单元控制电缆；5—操作机控制电缆；
6—吹扫传感器控制电缆；7—柔性软管；8—吹扫传感器

防爆工作原理：吹扫单元通过柔性软管向包含有电气元件的操作机内部施加过压，阻止爆燃性气体进入操作机内部；同时由吹扫控制单元监视操作机内压、喷房气压，当异常状况发生时立即切断操作机伺服电源。

喷涂机器人与普通工业机器人相比，操作机在结构方面的差异除了球型手腕与非球型手腕外，主要是防爆、油漆及空气管路和喷枪的布置导致的差异，其特点如下：

（1）一般手臂工作范围宽大，进行喷涂作业时可以灵活避障；

（2）手腕一般有 2～3 个自由度，轻巧快速，适合内部、狭窄的空间及复杂工件的喷涂；

（3）较先进的喷涂机器人采用中空手臂和柔性中空手腕；

（4）一般在水平手臂搭载喷漆工艺系统，从而缩短清洗、换色时间，提高生产效率，节约涂料及清洗液。

7.5.4 喷涂机器人的周边设备

常见的喷涂机器人辅助装置有机器人走行单元与工件传送（旋转）单元、空气过滤系统、输调漆系统、喷枪清理装置等。

1. 机器人走行单元与工件传送（旋转）单元

机器人走行单元与工件传送（旋转）单元主要包括完成工件的传送及旋转动作的伺服转台、伺服穿梭机和输送系统，以及完成机器人上下、左右滑移的走行单元，喷涂机器人对所配备的走行单元与工件传送（旋转）单元的防爆性能有着较高的要求。

2. 空气过滤系统

空气过滤系统保证喷涂作业的表面质量，喷涂线所处环境及空气喷涂所使用的压缩空气应当尽可能保持清洁，喷房内的空气纯净度要求最高。

3. 输调漆系统

输调漆系统是保证生产线多个喷涂机器人单元协同作业的重要装置。输调漆系统通常包括油漆和溶剂混合的调漆系统、输送系统、液压泵系统、油漆温度控制系统、溶剂回收系统、辅助输调漆设备及输调漆管网等。

4. 喷枪清理装置

喷枪清理装置防止喷涂作业中污物堵塞喷枪气路，也适应不同工件喷涂时颜色的不同，此时需要对喷枪进行清理，清理装置在对喷枪清理时一般经过 4 个步骤：空气自动冲洗、自动清洗、自动溶剂冲洗、自动通风排气，其编程需要 5～7 个程序点。

思考练习题

一、填空题

1. 目前市场上常见的装配机器人以臂部运动形式分为_____和_____。

2. 装配机器人的装配系统主要由_____、_____、_____、_____和_____组成。

3. 从结构形式上看，搬运机器人可分为_____、_____、_____、_____和

_____。

4．常见码垛机器人的末端执行器有_____、_____、_____、_____。

5．目前焊接机器人应用中比较普遍的主要有3种：_____、_____和_____。

6．按照手腕构型划分，喷涂机器人主要有_____和_____。

二、选择题

1．在实际生产中常见的码垛机器人工作站工位布局是（　　）。

　　①全面式码垛；②集中式码垛；③一进一出式码垛；④两进两出式码垛；

　　⑤一进两出式码垛；⑥三进三出式码垛

　　A．①②　　　　　　　　B．①②③　　　　　　　　C．③④⑤⑥　　　D．③④⑤

2．喷涂条件的设定一般包括（　　）。

　　①喷涂流量；②雾化气压；③喷幅（调扇幅）气压；④静电电压；⑤颜色设置表

　　A．①②⑤　　　　　　　B．①②③⑤　　　　　　　C．①③　　　　　D．①②③④⑤

3．依据压力差不同，气吸附可分为（　　）。

　　①真空吸盘吸附；②气流负压气吸附；③挤压排气负压气吸附

　　A．①②　　　　　　　　B．①③　　　　　　　　　C．②③　　　　　D．①②③

4．焊接机器人的常见周边辅助设备主要有（　　）。

　　①变位机；②滑移平台；③清枪装置；④工具快换装置

　　A．①②　　　　　　　　B．①②③　　　　　　　　C．①③　　　　　D．①②③④

三、判断题

1．目前应用最广泛的装配机器人为6轴垂直关节型，因为其柔性化程度最高，可精确到达动作范围内任意位置。（　　）

2．机器人装配过程较为简单，根本不需要传感器协助。（　　）

3．关节式码垛机器人本体与关节式搬运机器人没有任何区别，在任何情况下都可以互换。（　　）

4．焊接机器人其实就是在焊接生产领域代替焊工从事焊接任务的工业机器人。（　　）

四、简答题

1．简述码垛机器人与搬运机器人的异同点。

2．简述气吸附与磁吸附的异同点。

参 考 文 献

［1］刘小波. 工业机器人技术基础［M］. 2 版. 北京：机械工业出版社，2020.

［2］金凌芳，许红平. 工业机器人传感技术与应用［M］. 杭州：浙江科学技术出版社，
2019.

［3］刘志东. 工业机器人技术与应用［M］. 西安：西安电子科技大学出版社，2019.

［4］许文稼，张飞. 工业机器人技术基础［M］. 北京：高等教育出版社，2017.

［5］王志强，禹鑫燚，蒋庆斌. 工业机器人应用编程（ABB）中级［M］. 北京：高等教
育出版社，2020.